高职高专汽车类专业系列教材

二手车鉴定与评估

主 编 章文英 刘 敏

副主编 陈彬彬 潘蒙辉 柳 礼

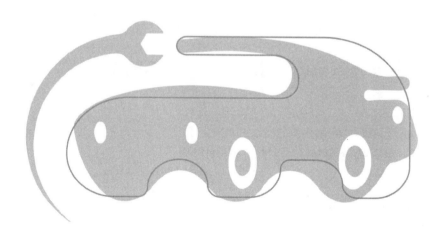

西安电子科技大学出版社

内 容 简 介

本书基于二手车评估工作过程设置内容,力图将学习过程与工作过程融为一体,以培养爱国敬业、遵纪守法、诚实守信,具备良好的沟通和协作能力的二手车评估、交易人才。本书围绕二手车评估工作人员所需的储备知识和职业能力,共设 5 个学习情境,分别为二手车鉴定评估业务洽谈、二手车证件及税费缴纳凭证核查、二手车现场鉴定、二手车评估方法确定和二手车交易实务。

本书可作为全国职业教育汽车制造与试验技术、汽车运用、汽车技术服务与营销等汽车大类专业的教材,也可作为二手车鉴定评估、二手车交易等从业人员的自学用书,还可作为二手车评估师的职业资格培训教材。

图书在版编目 (CIP) 数据

二手车鉴定与评估 / 章文英, 刘敏主编. -- 西安 ：西安电子科技大学出版社, 2024.8. -- ISBN 978-7-5606-7177-2

Ⅰ. U472.9; F766

中国国家版本馆 CIP 数据核字第 2024XS1599 号

策　　划　马晓娟
责任编辑　马晓娟
出版发行　西安电子科技大学出版社 (西安市太白南路 2 号)
电　　话　(029) 88202421　88201467　　邮　　编　710071
网　　址　www.xduph.com　　　　　　电子邮箱　xdupfxb001@163.com
经　　销　新华书店
印刷单位　陕西日报印务有限公司
版　　次　2024 年 8 月第 1 版　　2024 年 8 月第 1 次印刷
开　　本　787 毫米×1092 毫米　1/16　　印张 13
字　　数　303 千字
定　　价　34.00 元

ISBN 978-7-5606-7177-2

XDUP　7479001-1

如有印装问题可调换

前　言

　　随着我国汽车工业的发展，汽车保有量多年来保持强劲的增长势头，受其带动，我国二手车交易日趋活跃，二手车市场份额逐年增加。与发达国家二手车交易量是新车交易量的 1.5～3 倍相比，我国二手车交易量只有新车交易量的 60%左右，因此我国二手车市场的发展潜力巨大，市场急需二手车鉴定与评估专业人员及相关指导性资料。

　　本书采用情境模式编写，将学习过程与工作过程融为一体，配有丰富的数字化教学资源，符合当前职业教育教学改革的理念和需求。编写中着重注意了以下几点：

　　(1) 融入思政元素。本书按照教育部课程思政建设要求，以多种形式融入思政内容，将培养学生爱国敬业、遵纪守法、诚实守信等良好品质和沟通协作能力与教授专业知识相结合，引导学生树立正确的择业观和就业观。

　　(2) 保持内容先进。随着汽车产业结构的不断升级换代，汽车技术和管理水平的不断提高，近年来，同二手车鉴定与评估相关的国家标准、法规条款更新变化较大，本书纳入了最新的标准、法规和办法等，以确保内容的先进性。

　　(3) 注重工学结合。本书以培养二手车评估、销售人才为目标，在着手编写本书前，我们走访、听取了二手车评估企业专家的意见和建议。本书基于二手车评估师职业岗位的工作过程编写，囊括了二手车评估的基础知识和技能等内容，突出职业岗位需求，内容全面，既有理论的深度，又有实践的指导性。

　　(4) 校企合作编写。本书的编写人员中，有多年从事二手车鉴定与评估等专业课程教学与研究的教师，有曾经带领学生参加二手车鉴定比赛的教师，还有实践经验丰富的企业人员，真正做到了校企合作、理实结合。

　　本书由金华职业技术学院章文英牵头组织编写。章文英、刘敏担任本书主编，陈彬彬、潘蒙辉、柳礼担任副主编。感谢浙江衡远新能源科技有限公司张振波、金华市南方汽车贸易有限公司傅旻的支持，他们对本书的内容设置及编排提出了宝贵的建议。

在编写本书过程中，我们参考了相关的标准、教材和文献资料，在此对相关人员表示深深的谢意。

由于编者水平有限，书中欠妥之处在所难免，恳请广大读者批评指正，提出宝贵意见。

编　者
2024 年 4 月

目　录

学习情境 1　二手车鉴定评估业务洽谈

 情境导入

李先生："你好，我想咨询下我这辆车的价格空间，考虑卖车。"业务接待员："先生，考虑好了再来。"李先生："卖二手车需要哪些证件？"业务接待员："先生，这……"李先生扫了一眼业务接待员小李，转身走了，留下业务接待员小李尴尬地站在原地。看着李先生的背影，小李的泪水在眼眶里打转，他真的觉得没法再坚持下去了，或许换个工作是最好的解决办法。

分析：

本情境是一个不成功的业务洽谈场面。下面我们来分析一下业务接待员小李在工作中存在的问题。

(1) 职业修养方面。二手车评估业务洽谈在二手车营销活动中的地位举足轻重。洽谈是双方沟通的桥梁，良好的业务洽谈可以让双方交谈愉悦，成功的业务洽谈更能使双方都获得更大的发展。本情境中，小李在接待有评估业务需求的李先生时，生硬回复他考虑好了再来，职业修养方面素质不高，对待客户不热情，甚至连基本礼仪都没做到。

(2) 业务能力方面。业务洽谈是承接二手车评估业务的第一步。与客户洽谈的主要内容有车主的基本情况、车辆情况、委托评估的意向、时间要求等，通过与客户洽谈对车主情况、车辆状况的合法性及能否接受委托做出初步判断，以决定是否接受委托。本情境中，李先生咨询二手车买卖需要哪些证件资料时，小李哑口无言，业务能力欠缺。小李不具备基本业务能力，没有达到二手车评估业务洽谈接待工作的基本要求。

那么小李在职业修养和业务能力上达标，是不是就一定能做好工作呢？其实不然，小李要做好工作，还需要具备必要的法律知识。因为一个人如果不了解其工作所涉的法律知识，就很有可能在工作过程中触犯法律，做出违法乱纪的事。二手车评估行为必须符合国家法律、法规，必须遵循国家对机动车户籍管理、报废标准、税费征收等的政策要求，这是开展二手车鉴定评估业务的前提。

建议：二手车从业人员应该熟悉、掌握与二手车相关的法律常识，二手车经营主体应当依法经营，拒绝做违法评估与交易。

 学习目标

✦ **专业能力目标：**

- 了解二手车评估与交易业务的发展历程。
- 掌握二手车的概念、二手车的评估要素。
- 掌握我国机动车强制报废的标准。

- 掌握汽车 VIN 码的识别方法以及含义。
- 熟悉机动车鉴定评估师的职业标准。
- 培养通过洽谈获得二手车基本信息的能力。
- 掌握签订二手车鉴定评估委托书的流程。
- 通过训练，能够独立完成二手车评估和交易业务洽谈的各个环节，并且签订二手车鉴定评估委托书等。

✦ 社会能力目标：
- 能与他人进行有效的沟通。
- 具备团队合作精神，有良好的团队合作能力。

✦ 思政目标：
- 能自觉遵守二手车行业的职业道德规范和职业行为规范。
- 养成二手车评估业务洽谈的职业素养。
- 了解与二手车相关的法律法规，能做到知法守法。

某二手车交易平台
区域销售主管被拘
役——谈法治素养

 专业知识

一、二手车交易业务的发展

(一) 二手车是汽车后市场盈利的重要来源

汽车产业完整的产业链条涵盖了汽车的制造、营销、后市场、环保、能源、交通等领域。根据美国《新闻周刊》和英国《经济学家》等媒体对世界排名前 10 的汽车公司利润情况的分析可知，一个成熟的汽车市场，汽车整车销售利润大约只占整个汽车行业利润的 20%，其余约 80%的利润来自汽车后市场。汽车后市场是指汽车从售出到整车报废为止期间，围绕汽车的使用、维修保养、娱乐消费等形成的关联行业的总称，包括配件供应、维修报废、汽车用品、汽车改装、二手车交易、物流运输、金融服务、汽车出租或租赁、汽车俱乐部、汽车检测、汽车认证、汽车导航、停车场和加油站等。

二手车交易业务在汽车后市场中的利润贡献正逐年递增。世界汽车工业的发展历程表明，二手车流通与汽车消费和汽车工业的发展密切相关。一个成功的现代汽车流通体系，应包括新车销售服务、二手车销售服务以及报废汽车的回收拆解业务，从全社会的角度对汽车实行"从生到死"的管理。因此，一个完善的二手车流通市场是新车销售服务业务健康发展的基础。促进二手车流通市场的发展，有利于挖掘我国居民的购买力，刺激和引导汽车消费，带动各地相关生产和服务性行业的发展。渠道畅通、运作高效的车辆新陈代谢机制，是汽车市场整体健康运作的前提与保证。

(二) 二手车的相关概念

二手车，英文译为"second hand vehicle"，在中国也曾称为"旧机动车"。二手车的定义直接关系到所涉及车辆的范围，在某种程度上也关系到二手车评估体系的科学性和市场交易的规范性，所以有必要给出二手车明确的定义。

2005 年 10 月 1 日，由我国商务部、公安部、工商总局、国家税务总局联合发布的《二手车流通管理办法》正式实施。此办法总则的第二条对二手车的定义是，二手车是指从办理完注册登记手续到达到国家强制报废标准之前进行交易并转移所有权的汽车[包括三轮汽车、低速载货汽车(即原农用运输车)]、挂车和摩托车。

《二手车流通管理办法》出台之前，国家的正式文件上一直没有出现过"二手车"的字样，一般称为"旧机动车"。"旧机动车"让人感觉车辆破旧，从一定程度上影响了人们的消费情绪。实际上，现在很多七八成新的汽车也流入了二手市场，所以"二手车"在提法上更中性，更通俗易懂，同时也与国际惯例接轨。

二手车交易市场是机动车商品二次流通的场所，它具有中介服务商和商品经营者的双重属性。具体而言，二手车交易市场的功能有二手车鉴定评估、收购、销售、寄售、代购代销、租赁、置换、拍卖、检测维修、配件供应、美容装饰、售后服务，二手车交易市场还为客户提供过户、转籍、上牌、保险等服务。此外，二手车市场还应严格按国家有关法律、法规审查二手车交易的合法性，坚决杜绝盗抢车、走私车、非法拼装车和法定证明凭证不全的车辆上市交易。

(三) 国内外二手车市场分析

1. 国内二手车市场分析

1) 国内历年新车销量和二手车销量的比较

2009 年，中国汽车市场(新车)销量增速达 46%，可以说是爆发性增长，汽车产销量历史性地达到 1 360 万辆，超越美国成为全球第一大汽车市场；2010 年，全年汽车销量达到 1 806 万辆，增速达 33%，继续稳坐全球第一宝座；2011 年，全年汽车销量超过 1 850 万辆，再次刷新全球纪录；2012 年，我国汽车产销双双突破 1 900 万辆，蝉联世界第一。随着新车销量的增长，二手车销量也有了长足发展。近十多年以来，我国二手车交易量、二手车市场份额、二手车与新车的比例、新车销量等数据详见表 1-1。

表 1-1　2011 年至 2022 年我国汽车交易情况

年　份	2011	2012	2013	2014	2015	2016
二手车交易量/万辆	433	485	520.33	605.29	941.71	1 068
二手车市场份额	18.96%	20.33%	19.14%	20.83%	27.68%	27.59%
二手车与新车的比例	23.41%	25.53%	23.67%	26.32%	38.28%	38.10%
新车销量/万辆	1 850	1 900	2 198.41	2 300	2 460	2 803
年　份	2017	2018	2019	2020	2021	2022
二手车交易量/万辆	1 240	1 382.19	1 492.28	1 434.14	1 758.51	1 062.78
二手车市场份额	29.95%	32.99%	36.67%	36.17%	40.00%	37.4%
二手车与新车的比例	42.76%	49.22%	57.91%	56.66%	66.92%	59.6%
新车销量/万辆	2 900	2 808	2 576.9	2 531.1	2 627.5	2 686.4

我国二手车与新车的比例，从 2010 年的 22.15%增长到 2021 年的 66.92%，相比于美国、德国、日本(美国、德国、日本的二手车销量分别是新车销量的 3.5 倍、2 倍、1.4 倍)，我国二手车市场的发展潜力巨大。

2) 国内二手车评估与交易业务的起步

1999 年 4 月 16 日，原国家国内贸易局首次在上海组织召开了汽车置换研讨会，来自全国的 33 家二手车交易市场和 11 家品牌汽车企业的代表以及原国家经贸委、国家市场监督管理总局、原国家机械局等部委的有关领导参加了这次会议，并制订了有关二手车评估的标准。

会后，上海汽车工业销售总公司、天津汽车工业销售有限公司等企业成立了汽车置换公司，至此，我国汽车置换业务开始起步。

在 2000 年至 2003 年，许多品牌汽车企业相继成立了二手车销售部或特殊业务销售部。2002 年 9 月，上海通用汽车有限公司在上海、北京、广州、深圳等地授权经销商推出汽车置换业务。2003 年，上海大众、一汽大众、广州本田、北京现代、长安铃木等品牌汽车企业也陆续开展了汽车置换业务。如今二手车置换市场分布于全国各地，已初步形成了规范合理的二手车流通网络。

目前，我国已经形成了多种二手车交易市场形式，常见的有二手车交易市场、二手车经营公司、二手车置换公司、二手车经纪公司和经纪人、二手车专业网站、二手车 App、二手车公众号等。随着我国机动车保有量的不断增加，二手车流通将释放更大活力。

2. 国外二手车市场分析

1) 二手车销售量大于新车

目前，美国、德国、瑞士、日本等国的二手车销售量分别是新车销售量的 3.5 倍、2 倍、2 倍、1.4 倍，其中美国二手车利润占汽车总利润的 45%。二手车销售能促进新车销售，二手车的客户也是新车的潜在客户。交易量大和利润高的原因是经营二手车的主体多元化、交易方式多样化、交易手续简便化。从发达国家和发展中国家的情况看，随着各国经济的发展，二手车作为一般商品进入市场，其销售渠道多，形成了品牌专卖、大型超市、连锁经营、二手车专营、二手车拍卖等多元化的经营体制，以及直接销售、代销、租赁(实物和融资)、拍卖、置换等多样化的交易方式。

2) 二手车消费理念不同

在发达国家，汽车已是现代家庭必不可少的交通工具，但不同层次的消费者针对汽车的消费理念不同。部分中产阶级及以上的消费者买车以新车为主，他们注重的是车辆的性能而非价格，随着新款车型的推出，平均每隔 3～5 年就会换车，换车的频率比我国汽车消费者要高。

发达国家的汽车工业发展早，加上换车较频繁，二手车总供应量大，二手车的价格相对较低，性能仍然可靠，使用后的价值损失远比购买新车小得多。多数中产阶级以下的消费者以购买二手车为主，与我国多数汽车消费者买新不买旧的理念不同。

(四) 二手车交易业务的意义

1. 汽车工业发展的需要

二次流通促进一次流通。一个完整、发达的汽车市场应该新车和二手车并重。据统计，美国 1997 年汽车交易量为 5 030 万辆，新车销售量为 1 530 万辆，二手车交易量为 3 500 万辆，二手车交易占到交易总量的 70%。正是因为有如此巨大的二手车流通市场为后盾，美国才会有如此巨大的新车市场，汽车工业也因此大大受益。在法国，汽车市场的年交易量为 700 万辆左右，而其中 450～500 万辆是二手车，约占整个市场的 2/3。从这两个发达国家的例子我们可以看到，二手车市场是发展汽车工业的一个重要支撑，二手车市场的发展可以大大促进汽车消费市场的发展。

我国汽车消费市场也是如此。有些人可能因为盲从或在头脑发热的情况下买了一辆并不十分适合自己的汽车，需要置换；还有一些人随着收入水平的提高，会淘汰原有的汽车而去买新款车；一些居民家庭不方便拥有一辆以上汽车，他们需将原有汽车卖出，再去买新车。以上均可证明二手车市场促进了汽车消费市场的发展。

2. 圆一些消费者的汽车梦

有学者分析，只有当汽车售价为人均年收入的 1.4 倍时，汽车才能进入家庭。根据国内汽车价格行情推算，一个消费者如果想购买一辆售价为 15 万元的汽车，那么他的月收入在 8 000 元左右才不会有太大的压力。尽管目前国内私人购车的比例呈逐年上升的趋势，但对于一个工薪族来说，到二手车市场低价买辆二手车是实现"家庭汽车"梦最快捷的方式。

3. 二手车置换是 4S 店新车销售的重要手段

在日本新车市场中，单一购买新车的客户占 10%，通过置换购买新车的客户占 90%，所以不具备置换能力的专营店将无法面对 90% 的有置换需求的客户。对天籁保有客户购车方式的调查结果显示，第一次购车的客户占 32%，换购的客户占 32.3%，增购的客户占 35.7%。对天籁置换客户的统计是，同品牌置换的客户占 9.7%，其他品牌置换的客户占 90.3%。在非一站式汽车销售模式下，换购的客户买新车的流程见图 1-1 上部。客户选好新车的同时，还要另外处理旧车。处理旧车时会询问亲戚或朋友是否有需求，但更多的旧车会转入二手车市场。

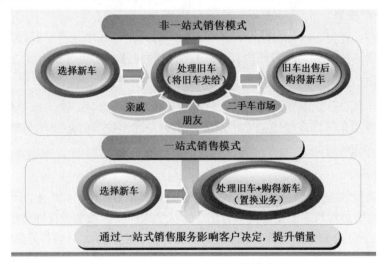

图 1-1　非一站式和一站式销售模式对比

具备二手车置换业务的汽车销售店，选择新车的同时可处理旧车(见图 1-1 下部)，新车旧车一站式销售模式为客户提供了便利。

置换业务必将成为新车销售的重要手段之一，因为置换业务可使客户尽快做出购买决定，提升汽车的销量；置换业务可以提升客户满意度；置换业务提供技术支持，可实现置换成交；置换业务可提升专营店的收益。

二、二手车鉴定评估的要素

二手车鉴定评估是指由二手车鉴定评估机构或专业评估人员，根据特定的目的，遵循客观经济规律，按照法定的标准和程序，运用科学的方法，对二手车的现实价值进行评估和估算的过程，其核心是对某一时间点的价值进行估算。从评估过程上来看，二手车鉴定评估就是对二手车进行手续检查、技术鉴定和价值评估的过程。

二手车鉴定评估由六大主要要素构成，包括评估目的、评估主体、评估客体、评估标准、评估依据、评估程序。

(一) 评估目的

二手车鉴定评估的目的影响评估方法的选择，主要有以下几种。

1. 车辆交易

车辆交易是二手车业务最常见的一种经济行为。在二手车的交易过程中，买卖双方对交易价格的期望值是不同的，而二手车鉴定评估人员对交易的二手车进行的鉴定评估是第三方评价，可以作为双方议价的基础。评估师必须站在公正、独立的立场对交易车辆进行评估，并提供一个评估值，作为买卖双方成交的参考价格。

2. 车辆置换

随着 2005 年《汽车贸易政策》的颁发，越来越多的品牌专卖店(4S 店)展开以旧换新的置换业务，为使车辆置换顺利进行，必须对置换的二手车进行鉴定评估，并提供评估值。

3. 企业资产变更

在公司合作、合资、联营、分投、合并、兼并等经济活动中，牵涉资产所有权的转移，车辆作为固定资产的一部分，自然也存在产权变更的问题，必须对其价值进行评估。

4. 车辆拍卖

法院罚没车辆、企业清算车辆、海关获得的抵税和放弃车辆、个人或单位的抵债车辆、公车改革的公务用车等均需经过拍卖市场公开拍卖变现，拍卖前必须对车辆进行评估，为拍卖师提供拍卖的底价。

5. 抵押贷款

银行为了确保放贷安全，要求贷款人以一定的资产作为抵押，如果用汽车作为抵押物，则需要专业评估人员对汽车的价格进行评估。对贷款人而言，汽车价格评估值的高低，决定其可申请贷款的额度；对放贷者而言，评估的准确性在一定程度上影响着贷款回收的安全性。

6. 保险

出险车主因车辆损坏从保险公司所获得的赔付额最大不得超过出险前的车辆价值，故有时必须对出险前的车辆进行评估。

7. 司法鉴定

当事人遇到涉及车辆的诉讼时，委托鉴定评估机构对车辆进行评估，法院判决时，可以依据评估结果进行宣判。此外，评估机构亦可接受法院等司法部门或个人的委托，鉴定和识别走私车、盗抢车、非法拼(组)装车等非法车辆。

(二) 评估主体

二手车鉴定评估的主体是指二手车评估业务的承担者，即从事二手车鉴定评估业务的机构及专业鉴定评估人员。由于二手车鉴定评估直接涉及当事人双方的权益，是一项政策性和专业性都很强的工作，所以无论是对评估机构，还是对专业鉴定评估人员都有较高的要求。

1. 对二手车专业评估机构的要求

《二手车流通管理办法》第二章第八条规定，二手车交易市场经营者、二手车经销企业和经纪机构应当具备企业法人条件，并依法到工商行政管理部门办理登记。

二手车鉴定评估机构应当具备的条件：

(1) 是独立的中介机构；

(2) 有固定的经营场所和从事经营活动的必要设施；

(3) 有 3 名以上从事二手车鉴定评估业务的专业人员；

(4) 有规范的规章制度。

2. 对二手车专业鉴定评估人员的要求

二手车鉴定评估人员应当具备的条件：

(1) 必须掌握一定的资产评估业务理论，熟悉并掌握国家颁布的与二手车交易有关的政策、法规、行业管理制度及相关的技术标准。

(2) 具有一定的二手车专业知识和实际的检测技能，能够借助必要的检测工具，对二手车的技术状况进行准确的判断和鉴定。

(3) 具有较高的收集、分析和运用信息资料的能力及一定的评估技巧。

(4) 具备经济预测、财务会计、市场金融、物价、法律等多方面的知识。

(5) 具有良好的职业道德，遵纪守法、公正廉洁，保证二手车评估质量。

(三) 评估客体

二手车鉴定评估的客体是指被鉴定评估的车辆。根据《二手车流通管理办法》规定，下列车辆禁止经销、买卖、拍卖和经纪：

(1) 已报废或者达到国家强制报废标准的车辆。

(2) 在抵押期间或者未经海关批准交易的海关监管车辆。

(3) 在人民法院、人民检察院、行政执法部门依法查封、扣押期间的车辆。

(4) 通过盗窃、抢劫、诈骗等违法犯罪手段获得的车辆。

(5) 发动机号码、车辆识别代号或者车架号码与登记号码不相符，或者有凿改迹象的车辆。

(6) 走私、非法拼(组)装的车辆。

(7) 不具有第十九条所列证明、凭证的车辆。

(8) 在本行政辖区以外的公安机关交通管理部门注册登记的车辆。

(9) 国家法律、行政法规禁止经营的车辆。

二手车交易市场经营者和二手车经营主体发现车辆具有(4)、(5)、(6)情形之一的，应当及时报告公安机关、工商行政管理部门等执法机关。对交易违法车辆的，二手车交易市场经营者和二手车经营主体应当承担连带赔偿责任和其他相应的法律责任。

此外，车辆上市交易前，必须先到公安交通受理机关申请临时检验，经检验合格，在其行驶证上签注检验合格记录后，方可进行交易。

(四) 评估标准

在评估过程中，必须选择一个恰当的评估标准，即评估计价时适用的价值类型。用哪种评估标准，由评估的目的决定。目前，常见二手车评估的标准主要有以下几种。

1. 现行市价标准

二手车评估的现行市价标准是以类似被评估车辆在公开市场的交易价格为基础，根据被评估车辆的情况进行修正，从而确定被评估车辆当前价值的一种二手车评估计价标准。

市场经济越发达、资讯越发达，市场上存在的类似车辆越多，就越适合使用现行市价标准。而且，市场中存在的类似车辆越多，应用现行市价标准得到的评估结果的准确度、可信度也越高。现行市价标准是二手车评估中最常用的计价标准之一。

2. 重置成本标准

二手车评估的重置成本标准是指在目前条件下，以按功能重新购置全新被评估车辆所需的成本来确定被评估车辆价值的一种计价标准。

当二手车评估的目的是资产保全或投保时，用此标准比较合适。当市场不够发达，市场上与被评估车辆类似的车辆不多，甚至没有而无法运用现行市价标准时，可以采用重置成本标准。

3. 收益现值标准

二手车评估的收益现值标准根据被评估车辆未来将产生的预期收益，按适当的折现率折算成现值，从而评定被评估车辆的当前价值的一种计价标准，收益现值标准主要应用于营运车辆的评估，一般不用于普通非营运车辆的评估。

4. 清算价格标准

二手车评估的清算价格标准主要用于以企业破产、停业清算、资产抵押为目的而涉及的汽车评估。此类评估的一个非常重要的特点是资产需要快速变现。

因为被评估车辆需要实现快速变现，所以清算价格一般大大低于市场价格。清算价格标准的适用范围有严格的限制。

(五) 评估依据

二手车鉴定评估时必须有科学依据，这样才能得出正确合理的结论。二手车鉴定评估的依据是评估工作所遵循的法律法规、经济行为文件以及其他参考资料，一般包括以下四个部分。

1. 行为依据

行为依据一般包括经济行为成立的有关决议文件及评估当事方的评估业务委托书。

2. 法律依据

法律依据是二手车鉴定评估所遵循的法律法规，主要包括《国有资产评估管理办法》《国有资产评估管理实施细则》《机动车强制报废标准规定》《中华人民共和国机动车登记规定》《二手车流通管理办法》《机动车运行安全技术条件》等。

3. 产权依据

产权依据是指表明机动车权属证明的文件，主要包括机动车登记证书、机动车行驶证、出租车营运证、道路营运证等。

4. 取价依据

取价依据是指实施二手车鉴定评估的机构或人员，在评估工作中直接或间接取得或使用对二手车鉴定评估有借鉴或佐证作用的资料，包括价格资料和技术资料。

(六) 评估程序

二手车鉴定评估作为一个重要的专业领域，情况复杂、作业量大。在进行二手车鉴定评估时，应分步骤、分阶段地实施相应的工作。从专业角度而言，二手车鉴定评估程序大致要经历技术鉴定、价值评估、撰写报告等阶段。具体的步骤如下：

(1) 接待客户，明确评估业务的基本事项。

(2) 核查证件、税费等，验明车辆的合法性。

(3) 接受委托，签署二手车鉴定评估业务的委托书。

(4) 拟定评估计划，实施二手车的技术状况鉴定。

(5) 市场调查与资料收集，价值评定估算。

(6) 撰写和提交鉴定评估的报告。

三、国家相关政策规定

(一) 机动车强制报废标准

2012 年 8 月 24 日，商务部第 68 次部务会议审议通过《机动车强制报废标准规定》，并经发展改革委、公安部、环境保护部(现生态环境部)同意，予以发布，自 2013 年 5 月 1 日起施行。

《机动车强制报废标准规定》主要内容如下：

(1) 机动车强制报废条件。凡注册机动车有下列情况之一的应当强制报废，其所有人应当将机动车交售给报废机动车回收拆解企业，由报废机动车回收拆解企业按规定进行登记、拆解、销毁等处理，并将报废机动车登记证书、号牌、行驶证交公安机关交通管理部门注销。

① 达到本规定第五条规定使用年限的。

② 经修理和调整仍不符合机动车安全技术国家标准对在用车有关要求的。

③ 经修理和调整或者采用控制技术后，向大气排放污染物或者噪声仍不符合国家标准对在用车有关要求的。

④ 在检验有效期届满后连续 3 个机动车检验周期内未取得机动车检验合格标志的。

(2) 各类机动车使用年限和行驶里程的规定。小、微型非营运载客汽车、大型非营运轿车、轮式专用机械车无使用年限限制。

机动车使用年限起始日期按照注册登记日期计算，但自出厂之日起超过 2 年未办理注册登记手续的，按照出厂日期计算。

(3) 变更使用性质或者转移登记的机动车确定使用年限和报废的规定。

具体内容见附录 C。

(二) 车辆识别代号

1. 车辆识别代号的含义

车辆识别代号(Vehicle Identification Number，VIN)是汽车制造厂为了区分和识别机动车而给每一辆车指定的一组字码。车辆识别代号是由 17 位字母、数字组成的编码，又称 17 位识别代号、车架号或 17 位号。车辆识别代号经过排列组合，可以使同一车型的车在 30 年之内不会发生重号现象，具有对车辆识别的唯一性，因此可称为"汽车身份证"。

我国车辆现行的 17 位汽车识别代号始于 1981 年，于 1996 年底颁布了相关国家标准，1997 年开始实行。历次版本发布情况为 GB/T 16735—1997、GB/T 16736—1997、GB 16735—2004，最新版本为 GB 16735—2019。《道路车辆　车辆识别代号(VIN)》(GB 16735—2019)规定了车辆识别代号的内容与构成，车辆识别代号在车辆上的标示要求和变更要求。

2. VIN 的内容与构成

VIN 由世界制造厂识别代号(World Manufacturer Identifier，WMI)、车辆说明部分(Vehicle Descriptire Section，VDS)、车辆指示部分(Vehicle Indicator Section，VIS)三部分组成，共 17 位。

对完整车辆和/或非完整车辆年产量大于或等于 1 000 辆的车辆制造厂，车辆识别代号的第一部分为世界制造厂识别代号，第二部分为车辆说明部分，第三部分为车辆指示部分。

对完整车辆和/或非完整车辆年产量小于 1 000 辆的车辆制造厂，车辆识别代号的第一部分为世界制造厂识别代号(WMI)，第二部分为车辆说明部分，第三部分的第三、四、五位与第一部分的三位字码一起构成世界制造厂识别代号，其余五位为车辆指示部分。

1) 世界制造厂识别代号

WMI 由三位字码组成，仅应使用下列阿拉伯数字和大写罗马字母：

1 2 3 4 5 6 7 8 9 0

A B C D E F G H J K L M N P R S T U V W X Y Z

(字母 I、O 及 Q 不能使用)

由授权机构为车辆制造厂分配一个或几个 WMI。授权机构应将已分配的 WMI 向 ISO 授权的国际代理机构美国汽车工程师学会(SAE)备案。

已经分配给某个车辆制造厂的 WMI，在此代号使用的最后一年之后，授权机构至少应在 30 年之内不将其再分配给其他的车辆制造厂。

(1) 第一位。WMI 的第一位字码，标明一个地理区域的一个字母或数字字码，国际代理机构已经根据预期的需要，为一个地理区域分配一个或多个字码。

(2) 第二位。WMI 的第二位字码，标明一个特定地理区域内的一个国家或地区的字母或数字字码，根据预期的需求，可以为一个国家或地区分配一个或多个字码。通过第一位和第二位字码的组合使用可以确保对某个国家或地区的唯一识别。

国际代理机构已经为每一个国家分配了第一位及第二位字码的组合，其中分配给中国的字码组合为 L0～L9、LA～LZ、H0～H9、HA～HZ。

(3) 第三位。WMI 的第三位字码是由授权机构分配、用以标明特定车辆制造厂的字母或者数字字码。通过第一位、第二位和第三位字码的组合使用可以确保对车辆制造厂的唯一识别。

授权机构应在此位置上使用数字 9 来识别所有完整车辆和/或非完整车辆年产量小于 1 000 辆的车辆制造厂。对于此类车辆制造厂，VIN 的第十二、十三、十四位字码应由授权机构指定，以确保对车辆制造厂的唯一识别。

以下就是国内常见汽车制造厂家的 WMI：LSV——上海大众；LFV——一汽大众；LEN——北京吉普；LHG——广州本田；LHB——北汽福田；LKD——哈飞汽车；LS5——长安汽车；LSG——上海通用。

2) 车辆说明部分

车辆说明部分是车辆识别代号的第二部分，由 6 位字码组成(即 VIN 的第四～九位)。如果车辆制造厂不使用其中的一位或几位字码，应在该位置填入车辆制造厂选定的字母或数字占位。

(1) VDS 第一～五位。即 VIN 的第四～八位，应对车辆一般特征进行描述，其组成代码及排列次序由车辆制造厂决定。车辆一般特征包括但不限于：

——车辆类型(如乘用车、货车、客车、挂车、摩托车、轻便摩托车、非完整车辆等)；

——车辆结构特征(如车身类型、驾驶室类型、货箱类型、驱动类型、轴数及布置方式等)；

——车辆装置特征(如约束系统类型、动力系统特征、变速器类型、悬架类型等)；

——车辆技术特性参数(如车辆质量参数、车辆尺寸参数、座位数等)。

表 1-2 所示为不同类型的车辆在 VDS 中描述的车辆特征至少应包括的内容。

表 1-2　车辆特征描述

车 辆 类 型	车 辆 特 征
乘用车	车身类型、动力系统特征 [a]
客车	车辆长度、动力系统特征 [a]
货车(含牵引车、专用作业车)	车身类型、车辆最大设计总质量、动力系统特征 [a]
挂车	车身类型、车辆最大设计总质量
摩托车和轻便摩托车	车辆类型、动力系统特征 [a]
非完整车辆	车身类型 [b]、车辆最大设计总质量、动力系统特征 [a]

a：对于仅发动机驱动的车辆，至少包括对燃料类型、发动机排量和/或发动机最大净功率的描述；对于其他驱动类型的车辆，至少应包括驱动电机峰值功率(若车辆具有多个驱动电机，应为多个驱动电机峰值功率之和；对于其他驱动类型的摩托车应描述驱动电机额定功率)、发动机排量和/或发动机最大净功率(若有)的描述。

b：车身类型分为承载式车身、驾驶室-底盘、无驾驶室-底盘等。

(2) VDS 的最后一位(即 VIN 的第九位字码)为检验位。检验位可为 0～9 中任一数字或字母"X",用以核对车辆识别代号记录的准确性。检验位按照 GB 16735—2019 附录 A 规定的方法计算。

3) 车辆指示部分

车辆指示部分是车辆识别代号的第三部分,由 8 位字码组成(即 VIN 的第十一～十七位)。

(1) VIS 的第一位字码(即 VIN 的第十位)应代表年份,一般标识为车辆的出厂年份,是识别车辆的重要标识。年份代码按表 1-3 规定使用(30 年循环一次)。车辆制造厂若在此位使用车型年份,应向授权机构备案每个车型年份的起止日期,并及时更新;同时在每一辆车的机动车出厂合格证或产品一致性证书上注明使用了车型年份。

表 1-3 年份代码表

年份	代码	年份	代码	年份	代码	年份	代码
2001	1	2011	B	2021	M	2031	1
2002	2	2012	C	2022	N	2032	2
2003	3	2013	D	2023	P	2033	3
2004	4	2014	E	2024	R	2034	4
2005	5	2015	F	2025	S	2035	5
2006	6	2016	G	2026	T	2036	6
2007	7	2017	H	2027	V	2037	7
2008	8	2018	J	2028	W	2038	8
2009	9	2019	K	2029	X	2039	9
2010	A	2020	L	2030	Y	2040	A

(2) VIS 的第二位字码(即 VIN 的第十一位)应代表装配厂。如果车辆制造厂生产年产量大于或等于 1 000 辆的完整车辆和/或非完整车辆,VIS 的第三～八位字码(即 VIN 的第十二～十七位)用来表示生产顺序号。

如果车辆制造厂生产年产量小于 1 000 辆的完整车辆和/或非完整车辆,则 VIS 的第三、四、五位字码(即 VIN 的第十二～十四位)应与第一部分的三位字码一同表示一个车辆制造厂,VIS 的第六、七、八位字码(即 VIN 的第十五～十七位)用来表示生产顺序号。

3. 车辆识别代号在车辆上的标示要求

(1) 每辆车辆都应具有唯一的车辆识别代号,并永久保持地标示在车辆上。不得擅自对已标示的车辆识别代号进行变更。

(2) 车辆应至少有一个车辆识别代号直接打刻在车架(无车架的车辆为车身主要承载且不能拆卸的部件)能防止锈蚀、磨损的部位上。

(3) 具有电子控制单元的汽车,其至少有一个电子控制单元应不可篡改地存储车辆识别代号。

(4) M1、N1 类车辆应在靠近风窗立柱的位置标示车辆识别代号,该车辆识别代号在白天不需移动任何部件就可从车外清晰识读。

(5) M1 类车辆还应在行李舱的易见部位标示车辆识别代号。

最常见的通用位置为：仪表板左侧、挡风玻璃下(见图 1-2)；发动机室内的各种铭牌上；在门铰链柱，车门内侧；其他地方，如机动车行驶证上的"车架号"一栏；保险单上；等等。

图 1-2 前挡风玻璃下方的 VIN

别克 GLX 悬挂上支架上，SAAB 9000 行李舱中有 VIN，别克 GL8 上横梁上有 VIN，标致 307 前悬挂上有 VIN(见图 1-3)。

图 1-3 标致 307 前悬挂上的 VIN

4. 车辆识别代号在车辆上的变更要求

《道路车辆 车辆识别代号(VIN)》(GB 16735—2019)明确规定：需要对已标示的车辆识别代号进行重新标示或变更时，车辆制造厂应向授权机构提出申请，获得批准后，方可进行车辆识别代号的重新标示或变更。每个车辆仅允许进行一次重新标示或变更。

因此，车架号犹如人的指纹，如果车架号的钢板损坏，车主千万不可自行切割带车架号的钢板。必须保存车辆的受损模样，直接把车开到车管部门进行认证，车管部门会根据实际情况来处理。

(三) 机动车鉴定评估师

机动车鉴定评估师是运用目测、路试及借助相关仪器设备对车辆的技术状况进行综合检验和检测，结合车辆相关文件资料对车辆的技术状况进行鉴定，并根据评估的特定目的，依据机动车鉴定评估定价标准等一系列科学方法来确定机动车价格的专业技术人员。

在 2017 年 3 月以前，机动车鉴定评估师职业资格是由人力资源和社会保障部颁发的，2017 年 3 月后机动车鉴定评估师职业发生了改革，由过去的职业资格鉴定转变为现在的职业技能水平评价，证书由汽车流通协会颁发。

水平评价类技能人员职业资格退出职业资格目录，不是取消职业，也不是取消职业标准，更不是取消技能人才的评价，而是由职业资格评价改为职业技能等级认定，改变了发证的主体和管理服务的方式。

在二手车交易中，大部分车主和买主都不能客观地对车辆的现值作出确定，因此，需要第三方能够本着公正、科学、专业的原则，对交易车辆的价格作出一个合理的估算，提供一个交易双方都认可的评估值。能够承担起这个责任的就是机动车鉴定评估师。所以，机动车鉴定评估师对车辆的评估是二手车交易中一个必不可少的环节，在车辆交易中有着重要的地位。

1. 机动车鉴定评估师申报条件

本职业(工种)共设四个等级，分别为四级/中级工、三级/高级工、二级/技师、一级/高级技师。

1) 申报机动车鉴定评估师四级/中级工条件

持有 C1(含)以上机动车驾驶证，并具备以下条件之一者，可申报四级/中级工：

(1) 取得相关职业五级/初级工职业资格证书(技能等级证书)后，累计从事本职业工作 3 年(含)或相关职业工作 4 年(含)以上。

(2) 累计从事本职业工作 5 年(含)或相关职业工作 6 年(含)以上。

(3) 取得技工学校相关专业毕业证书(含尚未取得毕业证书的在校应届毕业生)；或取得经评估论证、以中级技能为培养目标的中等及以上职业学校相关专业毕业证书(含尚未取得毕业证书的在校应届毕业生)。

(4) 取得大专及以上相关专业毕业证书(含尚未取得毕业证书的在校应届毕业生)；或取得大专及以上非相关专业毕业证书，累计从事本职业工作 1 年(含)或相关职业工作 2 年(含)以上。

2) 申报机动车鉴定评估师三级/高级工条件

持有 C1(含)以上机动车驾驶证，并具备以下条件之一者，可申报三级/高级工：

(1) 取得本职业或相关职业四级/中级工职业资格证书(技能等级证书)后，累计从事本职业工作 4 年(含)或相关职业工作 5 年(含)以上。

(2) 取得本职业或相关职业四级/中级工职业资格证书(技能等级证书)，并具有高级技工学校、技师学院毕业证书(含尚未取得毕业证书的在校应届毕业生)；或取得本职业或相关职业四级/中级工职业资格证书(技能等级证书)，并具有经评估论证、以高级技能为培养目标的高等职业学校相关专业毕业证书(含尚未取得毕业证书的在校应届毕业生)。

(3) 具有大专及以上相关专业毕业证书，并取得本职业或相关职业四级/中级工职业资格证书(技能等级证书)后，累计从事本职业工作 1 年(含)或相关职业工作 2 年(含)以上；或具有大专及以上非相关专业毕业证书，并取得本职业或相关职业四级/中级工职业资格证书(技能等级证书)后，累计从事本职业工作 2 年(含)或相关职业工作 3 年(含)以上。

3) 申报机动车鉴定评估师二级/技师条件

持有 C1(含)以上机动车驾驶证，并具备以下条件之一者，可申报二级/技师：

(1) 取得本职业或相关职业三级/高级工职业资格证书(技能等级证书)后,累计从事本职业工作 3 年(含)或相关职业工作 4 年(含)以上。

(2) 取得本职业或相关职业三级/高级工职业资格证书(技能等级证书)的高级技工学校、技师学院毕业生,累计从事本职业工作 2 年(含)或相关职业工作 3 年(含)以上;或取得相关职业预备技师证书的技师学院毕业生,累计从事本职业工作 1 年(含)或相关职业工作 2 年(含)以上。

(3) 取得本职业或相关职业三级/高级工职业资格证书(技能等级证书)的大专及以上相关专业毕业生,累计从事本职业工作 2 年(含)或相关职业工作 3 年(含)以上。

4) 申报机动车鉴定评估师一级/高级技师条件

持有 C1(含)以上机动车驾驶证,并具备以下条件之一者,可申报一级/高级技师:

(1) 取得本职业或相关职业二级/技师职业资格证书(技能等级证书)后,累计从事本职业工作 4 年(含)以上。

(2) 取得本职业三级/高级工职业资格证书后,累计从事本职业工作 8 年(含)以上。

2. 机动车鉴定评估师职业基本要求

1) 职业道德要求

机动车鉴定评估师除应具备职业道德基本知识外,还应遵纪守法,廉洁自律;诚实守信,规范服务;客观独立,公正科学;爱岗敬业,保守秘密;操作规范,保证安全;团队合作,开拓创新。

2) 基础知识要求

机动车鉴定评估师应具备以下基本知识:测量与计量常识,机动车常用材料,机动车结构与工作原理,机动车使用与检测维修基本知识,机动车价值评估基础,事故车辆损失鉴定评估基础,机动车技术鉴定基础,安全生产与环境保护知识,相关法律、法规与标准知识。

3) 工作技能要求

机动车鉴定评估师工作技能要求详见附录 D。

操作训练

一、业务洽谈

(一) 业务洽谈的技巧

1. 洽谈时要努力创造一种和谐的交流气氛

凡是商业洽谈,双方都想通过沟通、交流,实现己方的某种利益。轻松和谐的谈判气氛,不但能够拉近交易双方的距离,而且在切入正题之后能较容易地找到共同点,消除分歧或者化解矛盾。

对于开展二手车业务的品牌汽车经销商、二手车专营店(公司)以及二手车市场的驻场商家，在买方对某辆车表示出强烈的购买或评估欲望后，就应当邀请对方进入办公室、业务洽谈室或者业务洽谈区坐下来面对面地商谈，并且礼貌地奉上茶水，以创造和谐、融洽的氛围。

2. 洽谈中要善于倾听、分析和判断

高明的谈判者不仅善于倾听，还善于在不露声色的前提下，启发对方多说、详细地说，最好把他们要说的话、想说的话尽量都说出来。这样就可以了解对方内心隐秘的想法，准确判断对方的真实意图，然后根据己方的原则和立场，拿出一套应对的策略。同时，还要随着对方策略的转换而转换，或者设法把对方的思路引向自己的策略中来，让对方跟着自己的思维走。这样才能在笑谈中掌握谈判的主动权。

3. 洽谈要有缜密的逻辑思维和避重就轻的谈判艺术

说话要瞻前顾后，不能顾此失彼，更不可前后矛盾。对说出的关键词、关键数字和关键性问题要牢记不忘，否则将会引起对方的猜忌而导致被动。同时，尽量不要按照对方的思路走。要千方百计把对方的思维方式引导到你的思维方式上来，要学会运用避重就轻的谈判艺术。

4. 知己知彼，多替对方着想

洽谈要尽可能地掌握对方的情况，站在对方的立场上，真诚地帮助对方分析利弊、得失，让对方感到与你谈判是一次机不可失、时不再来的好机会。这样更容易说服对方，从而掌握谈判的主动权。

5. 要把握好让步和坚持的时机

商业谈判的成功，某种程度上是双方妥协、让步以及条件换条件的结果。让步要视双方的情况和谈判形势灵活决定。有时候需要一步到位，有时候需要分步到位。总之，采取的方式要使对方感到你的妥协是通情达理的，谈判是诚心诚意的，已经是心理底线。不能让对方感到突然或不合逻辑。同时，要有一定的忍耐力，要学会巧妙地坚持和等待，许多谈判的成功都是坚持到最后一分钟才取得的。

6. 洽谈要厚道，和气生财

人都有虚荣心和成就感，哪怕对方买贵了也要让他觉得占了很大的便宜。要让对方有相当的满足感和成就感。在二手车交易的谈判中，如果你一直在气势上、利益上压倒对方，这就把谈判变成了审判，把协商变成了胁迫，得理不饶人式的谈判是商场大忌。凡是对方得到的利益要让他感到来之不易、得之满意。对方得不到利益时也要让他得到"面子"。一定要让对方感到在谈判桌上有所得，这才是真正的胜利。

7. 要善于运用示弱原理

人们总是会对主动向其示弱的人疏于防范并怀有好感。在与对方商谈的过程中，要善于适时地向对方示弱。即便在某辆车上自己赚足了钱，也得声称自己亏了。

(二) 业务洽谈的内容

业务洽谈是承接评估与交易业务的第一步。与客户洽谈的主要内容有车主的基本情况、

车辆情况、委托评估的意向、时间要求等。

车主基本情况包括：车牌号，车品牌，车架号，发动机号，车主姓名(使用人)、电话、手机号码、住址、购车日期、车型等。

车辆情况包括：车主名称，车牌号，厂牌型号。

了解信息的同时要完成车辆状况说明书(车辆信息表)，检查车辆相关凭证，如机动车登记证书、机动车行驶证、有效的机动车安全技术检验合格标志、车辆购置税完税证明、车船税缴付凭证、车辆保险单、购车发票等。

(三) 业务洽谈的结果

通过二手车业务前期洽谈工作，应了解以下信息。

1. 了解车主基本情况

了解委托者是否为车主，是车主的才有车辆处置权，否则无车辆处置权；同时还应了解车主单位(或个人)名称、隶属关系和所在地等。

2. 了解车主要求评估的目的

评估目的是评估所服务的经济行为的具体类型，根据评估目的，选择计价标准和评估方法。一般来说，委托二手车交易市场评估车辆的大多数是属于交易类业务，车主要求评估价格的目的大多是作为买卖双方成交的参考底价。

3. 了解估价对象及其基本情况

(1) 二手车类别，是乘用车，还是商用车等。

(2) 二手车名称、型号、生产厂家和出厂日期。

(3) 二手车初次注册登记日期和行驶里程。

(4) 新车来历，是市场上购买，还是走私罚没处理，或是捐赠免税车。

(5) 车籍，指车辆牌证发放地。

(6) 使用性质，是公务用车、商用车，还是专业运输车或是出租营运车。

(7) 手续是否齐全，是否年检。

对上述基本情况了解清楚以后，就可以作出是否接受委托的决定。如果接受委托，就要签订二手车鉴定评估委托书。

对于鉴定评估数量较多的业务，在签订二手车鉴定评估委托书之前，应安排实地考察。实地考察的目的是了解鉴定估价的工作量、工作难易程度和车辆现时状态(在用、已停放很久不用、在修或停驶待修)。

二、判断车辆的可交易性

查验机动车登记证书、机动车行驶证、有效机动车安全技术检验合格标志、车辆购置税完税证明、车船税缴付凭证、车辆保险单等法定证明、凭证是否齐全，并按照表 1-4 检查所列项目是否全部判定为"是"，全部判定为"是"的车辆方可进行交易。

判断车辆可交易性

如发现上述法定证明、凭证不全或表 1-4 所示检查项目中任何一项判别为"否"的车辆，应告知委托方，不需继续进行技术鉴定和价值评估(司法机关委托等特殊要求的除外)。

发现法定证明、凭证不全，或者表 1-4 中第 1 项、第 4 项至第 8 项中任意一项判断为"否"的车辆应及时报告公安机关等执法部门。

表 1-4　可交易车辆判别表

序号	检 查 项 目	判别
1	是否达到国家强制报废标准	是□　否□
2	是否为抵押期间或海关监管期间的车辆	是□　否□
3	是否为人民法院、检察院、行政执法等部门依法查封、扣押期间的车辆	是□　否□
4	是否为通过盗窃、抢劫、诈骗等违法犯罪手段获得的车辆	是□　否□
5	发动机号与机动车登记证书登记号码是否一致，且无凿改痕迹	是□　否□
6	车辆识别代号(VIN)或车架号码与机动车登记证书登记号码是否一致，且无凿改痕迹	是□　否□
7	是否走私、非法拼组装车辆	是□　否□
8	是否法律法规禁止经营的车辆	是□　否□

三、签订二手车鉴定评估委托书

二手车鉴定评估委托书又称为二手车鉴定评估委托合同，是指二手车鉴定评估机构与法人、其他组织或自然人相互之间，为实现二手车鉴定评估的目的、明确相互权利义务关系所订立的协议。

二手车鉴定评估委托书是受托方与委托方对各自权利、责任和义务的协定，是一项经济合同性质的契约。

二手车鉴定评估委托书必须符合国家法律、法规和资产评估业的管理规定。涉及国有资产占有单位要求申请立项的二手车鉴定评估业务，应由委托方提供国有资产管理部门关于评估立项申请的批复文件，经核实后，方能接受委托，签署委托书。

根据《二手车鉴定评估技术规范》(GB/T 30323—2013)，二手车鉴定评估委托书的示范文本如下：

二手车鉴定评估委托书(示范文本)

委托书编号：＿＿＿＿＿＿＿＿

委托方名称(姓名)：　　　　　　　　　鉴定评估机构名称：

法人代码证(身份证)：　　　　　　　　法人代码证：

委托方地址：　　　　　　　　　　　　鉴定评估机构地址：

联系人：　　　　　　　　　　　　　　联系人：

电话：　　　　　　　　　　　　　　　电话：

因 □交易 □典当 □拍卖 □置换 □抵押 □担保 □咨询 □司法裁决 □其他(须注明)需要，委托人与受托人达成委托关系，号牌号码为＿＿＿＿＿＿＿＿＿＿＿＿＿＿＿＿＿，车辆

类型为＿＿＿＿＿＿＿＿＿＿＿＿，车辆识别代号(VIN 码)/车架号为＿＿＿＿＿＿＿＿＿＿＿＿＿＿

的车辆进行技术状况鉴定并出具评估报告书，＿＿＿＿年＿＿＿月＿＿＿日前完成。

委托评估车辆基本信息

车辆情况	厂牌型号		使用用途	营运□　　非营运□
	总质量/座位/排量		燃料种类	
	注册登记日期	年　月　日	车身颜色	
	已使用年限	年　个月	累计行驶里程/km	
	大修次数	发动机/次	整车/次	
	维修情况			
	事故情况			
价格反映	购置日期	年　月　日	原始价格/元	
备注：				

委托方：(签字、盖章)　　　　　　　　　　　　　　受托方：(签字、盖章)

　　　年　月　日　　　　　　　　　　　　　　　　　　　年　月　日

(1) 委托方保证所提供的资料客观真实，并负法律责任。

(2) 仅对车辆进行鉴定评估。

(3) 评估依据：《机动车运行安全技术条件》(GB 7258)、《二手车鉴定评估技术规范》(GB/T 30323)等。

(4) 评估结论仅对本次委托有效，不可用作其他用途。

(5) 鉴定评估人员与有关当事人没有利害关系。

(6) 委托方如对评估结论有异议，可于收到《二手车鉴定评估报告》之日起 10 日内向受托方提出，受托方应给予解释。

四、拟定鉴定评估方案

鉴定评估方案是二手车鉴定评估机构根据二手车鉴定评估委托书的要求而制定的规划和安排，其主要内容包括评估目的、评估对象和范围、评估基准日、安排具有鉴定评估资格的评估人员及协助评估人员工作的其他人员、现场工作计划、评估程序、评估具体工作和时间安排、拟采用的评估方法及其具体步骤等。确定鉴定评估方案后，下达二手车鉴定评估作业表，进行鉴定评估工作。根据《二手车鉴定评估技术规范》(GB/T 30323—2013)，二手车鉴定评估作业表的示范文本如下：

二手车鉴定评估作业表(示范文本)

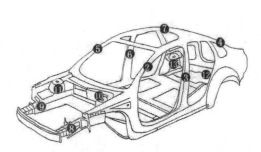

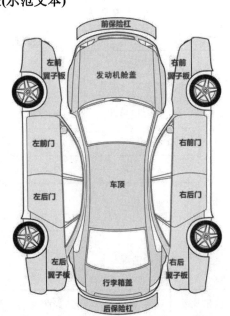

2—左A柱；6—右B柱；10—左前减震器悬挂部位；
3—左B柱；7—右C柱；11—右前减震器悬挂部位；
4—左C柱；8—左前纵梁；12—左后减震器悬挂部位；
5—右A柱；9—右前纵梁；13—右后减震器悬挂部位。

流水号：　　　　　　　　　　　　　　　　　鉴定评估日　年　月　日

厂牌型号		行驶		仪表	km
牌照号码		里程		推定	km
VIN码		车身颜色			
发动机号		车主姓名/名称			
法人代码/ 身份证号码		首次登记日期		使用性质	
		年　月　日			
年检证明	□有(至　年　月) □无	车船税证明	□有(至　年　　月)□无		
交强险	□有(至　年　月) □无	购置税证书	□有　□无		
其他法定凭证、证	□号牌 □行驶证 □登记证书 □保险单 □其他				
是否为事故车	□是 □否	损伤位置及损伤状况			
车辆主要技术缺陷描述					
总得分					
技术等级					
估计方法					
参考价值					
评估师(签章)					
评估师证号					
审核人(签章)					
二手车鉴定评估结论					
				评估单位名称(盖章)	

车体骨架检查项目 | 驾驶舱检查

序号	车体骨架检查项目		驾驶舱检查	是	否	扣分
1	车体左右对称性		储物盒是否无裂痕，配件是否无缺失	是	否	
2	左A柱	左前纵梁	天窗是否移动灵活，关闭正常	是	否	
3	左B柱	右前纵梁	门窗密封条是否良好、无老化	是	否	
4	左C柱	左前减震器悬挂部位	安全带结构是否完整、功能是否正常	是	否	
5	右A柱	右前减震器悬挂部位	驻车制动系统是否灵活有效	是	否	
6	右B柱	左后减震器悬挂部位	玻璃窗升降器、门窗工作是否正常	是	否	
7	右C柱	右后减震器悬挂部位	左、右后视镜折叠装置工作是否正常	是	否	

代表字母	BX	GH	SH	NQ	ZZ
描述	变形	更换	烧焊	扭曲	褶皱

缺陷描述：

其他

合计扣分

车身检查 | 启动检查

事故判定：□事故车 □正常车

代码	车身检查	缺陷描述	扣分	启动检查	是	否
14	发动机舱盖表面			车辆启动是否顺畅(时间少于 5 s，或一次启动)	是	否
15	左前翼子板	划痕 HH		仪表板指示灯显示是否正常、无故障报警	是	否
16	左后翼子板	变形 BX		各类灯光和调节功能是否正常	是	否
17	右前翼子板	锈蚀 XS		泊车辅助功能是否正常	是	否
18	右后翼子板	裂纹 LW		制动防抱死系统(ABS)工作是否正常	是	否
19	左前车门	凹陷 AX		空调系统风量、方向调节、分区控制、自动控制、制冷工作是否正常	是	否
		修复痕迹 XF		发动机在冷、热车条件下总速运转是否稳定	是	否

缺陷描述：

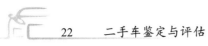

序号	项目名称	缺陷程度
20	右前车门	
21	左后车门	
22	右后车门	
23	行李箱盖	1—面积≤(100×100) mm²;
24	行李箱内侧	2—(100×100) mm²＜面积≤(200×300) mm²;
25	车顶	3—面积＞(200×300) mm²;
26	前保险杠	4—轮胎花纹深度＜1.6 mm
27	后保险杠	

序号	项目名称	缺陷描述
28	左前轮	
29	左后轮	
30	右前轮	
31	右后轮	
32	前大灯	
33	后尾灯	
34	前挡风玻璃	
35	后挡风玻璃	
36	四门风窗玻璃	
37	左后视镜	
38	右后视镜	
39	轮胎	
	其他项目	

项目	是	否	扣分
怠速运转时发动机是否无异响，空挡状态下逐渐增加发动机转速，发动机声音过渡是否无异响	是	否	
车辆排气是否无异常	是	否	
驻车制动系统结构是否完整	是	否	
其他			
合计扣分			扣分

路试检查

项目	是	否	扣分
发动机运转、加速是否正常	是	否	
车辆启动前踩下制动踏板，保持 5～10 s，踏板无向下移动的现象	是	否	
踩住制动踏板启动发动机，踏板是否向下移动	是	否	
行车制动系最大制动效能在踏板全行程的 4/5 以内达到	是	否	
行驶是否无跑偏	是	否	
制动系统工作是否正常有效、制动不跑偏	是	否	
变速箱工作是否正常、无异响	是	否	
行驶过程中车辆底盘部位是否无异响	是	否	
行驶过程中车辆转向部位是否无异响	是	否	
其他			
合计扣分			

发动机舱检查

	无	程度		扣分
		轻微	严重	
机油有无冷却液混入	无		严重	
缸盖外是否有机油渗漏	无	轻微	严重	
前翼子板内缘、水箱框架、横拉梁有无凹凸或修复痕迹	无		严重	
散热器格栅有无破损	无	渗漏		
蓄电池电极柱有无腐蚀	无	轻微	严重	
蓄电池电解液有无渗漏、缺少	无	轻微	严重	
发动机皮带有无老化	无	轻微	严重	
油管、水管有无老化、裂痕	无	轻微	裂痕	
线束有无老化、破损	无	轻微	破损	
其他				
合计扣分				

底盘检查

	是	否	扣分
发动机油底壳是否无渗漏	是	否	
变速箱体是否无渗漏	是	否	
转向节臂球销是否无松动	是	否	
三角臂销是否无松动	是	否	
传动轴十字轴是否无松旷	是	否	
减震器是否无破损	是	否	
减震弹簧是否无损坏	是	否	
其他			
合计扣分			

驾驶舱检查

	是	否	扣分
车内是否无水泡痕迹	是	否	
车内后视镜、座椅是否完整、无破损、功能正常	是	否	
车内是否整洁、无异味	是	否	
方向盘自由行程转角是否小于20°	是	否	
车顶及周边内饰是否无破损、松动及裂缝和污渍	是	否	
仪表台是否无划痕、配件是否缺失	是	否	
排挡把手柄及护罩是否完好、无破损	是	否	

车辆功能性零部件列表

	是	否			是	否
发动机舱盖锁止	是	否		仪表板出风管道	是	否
发动机舱盖液压撑杆	是	否		中央集控	是	否
后门液压支撑杆	是	否		备胎	是	否
后备箱液压支撑杆	是	否		千斤顶	是	否
各车门锁止	是	否		轮胎扳手及随车工具	是	否
前雨刮器	是	否		三角警示牌	是	否
后雨刮器	是	否		灭火器	是	否
立柱密封胶条	是	否		全套钥匙	是	否
排气管及消音器	是	否		遥控器及功能	是	否
车轮轮毂	是	否		喇叭高低音色	是	否
车内后视镜	是	否		玻璃加热功能	是	否
座椅调节及加热	是	否				

任务工单

任务名称	二手车鉴定评估业务洽谈		班级	
学生姓名		学生学号	任务成绩	
任务目的	掌握二手车鉴定评估业务的基本概念、基本专业知识，学习二手车鉴定评估业务洽谈的各个环节，掌握关键技能			

一、知识准备

1. 我国汽车置换业务是从_____，原国家国内贸易局首次在上海组织召开了汽车置换研讨会后开始起步的。

2. 车辆识别代号是由_____位字母、数字组成的编码，车辆识别代号经过排列组合，可以使同一车型的车在_____年之内不会发生重号现象，相当于汽车的"_____"。

3. 车辆识别代号第一～三位中，LSV 表示_____，LFV 表示_____，LEN 表示_____，LHG 表示_____，LSG 表示_____，LTV 表示_____，LBE 表示_____，LDC 表示_____。(参见附录 A)

4.《机动车强制报废标准规定》明确根据_____和安全技术、_____状况，国家对达到报废标准的机动车实施强制报废。该规定自_____年 5 月 1 日起执行。

5. 9 座(含 9 座)以下非营运载客汽车(包括轿车、含越野型)使用 15 年后要求继续使用的，_____审批(填需要或不需要)。经检验合格后可延长使用年限，每年定期检验_____，超过 20 年的，从第 21 年起每年定期检验_____。

6. 某客车总长度为 5 m，则该客车属于(   )。

A. 中型客车　　　B. 大型客车　　　　C. 微型客车　　　　D. 小型客车

7. 从 VIN 中我们不可以识别出的信息是(   )。

A. 发动机排量　　B. 车型年款　　　　C. 生产国家　　　　D. 车辆类别

8. 我国政府有关部门发布了《车辆识别代号管理规则》，规定(   )之后，适用范围内的所有新生产车必须使用车辆识别代号。

A. 1999 年 1 月 1 日　　　　　　　　B. 2002 年 1 月 1 日

C. 2000 年 1 月 1 日　　　　　　　　D. 2001 年 1 月 1 日

9. 不是 CA1092 型汽车表示的特征的是(   )。

A. 货车　　　　　B. 长为 9 m　　　　C. 一汽生产　　D. 总质量为 9 t

10. 汽车的驱动形式为 4×2，表示(   )。

A. 汽车为 6 轮汽车，其中 2 轮为驱动轮　　B. 汽车为 6 轮汽车，其中 4 轮为驱动轮

C. 汽车为 4 轮汽车，2 轴驱动　　　　　　　D. 汽车为 4 轮汽车，其中 2 轮为驱动轮

11. 车辆的 17 位 VIN 经过排列组合，结果使车型生产在(   )年之内不会发生重号现象。

A. 40　　　　　　　B. 50　　　　　　　C. 20　　　　　D. 30

12. 按我国规定，不需要具有车辆识别代号的车辆有(   )。

A. 挂车　　　　　　B. 汽车　　　　　　C. 拖拉机　　　　　D. 摩托车

13. 二手车鉴定评估的客体是(   )。

A. 二手车　　　　　B. 评估程序　　　　C. 评估师　　　　　D. 评估方法和标准

14. 二手鉴定评估师遵守(　　)，应该提出回避为亲属朋友鉴定评估相关车辆。

A. 客观性原则　　　　　　　　　　B. 可行性原则

C. 科学性原则　　　　　　　　　　D. 独立性原则

15. 二手车鉴定评估师应掌握车辆的主要性能指标，包括(　　)。

A. 动力性、经济性、可用性

B. 动力性、经济性、制动性、操纵稳定性

C. 实验性、制动性、动力性

D. 行驶性、操纵稳定性、经济性

16. 职业素质由(　　)等内容构成。

A. 思想政治素质　　　　　　　　　B. 职业道德素质

C. 科学文化素质　　　　　　　　　D. 专业技能素质

E. 身体心理素质

17. 二手车交易业务的意义有哪些？

18. 简述二手车鉴定评估的目的与任务。

二、操作训练

1. 写出图1-4所示车辆识别代号中序号的含义。

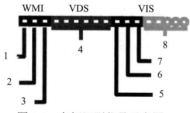

图1-4　车辆识别代号示意图

2. 从45°角位置拍一张某车的车标图片，要求可以看出车的品牌和整车的概况；拍一张某车的含VIN的图片，要求VIN清晰可见，并能从图片中看出它的位置信息。说明该车VIN代表的含义。

3. 寻求老师或亲戚、朋友的帮助，用真实的车辆信息，完成二手车鉴定评估委托书一份，并附上已使用年限计算过程(精确到月)。

4. 王先生前往某二手车评估交易机构了解评估出售旧机动车事宜，并找前台业务接待员询问。可是前台业务接待员正在与另一位工作人员热火朝天地闲聊，对于客户询问态度冷淡。该业务接待员收到提醒后，也没有询问王先生相关信息，而是直接甩过一张二手车鉴定评估委托书，要求王先生填写。

根据以上资料，请问：

(1) 该业务接待员的做法是否恰当？写出你的理由。

(2) 该业务员正确的做法应该是怎样的？

三、检查与评估

1. 根据自己完成任务的情况，进行自我评估，并提出改进意见。

2. 教师对学生任务完成情况进行检查、评估、点评。

学习情境 2　二手车证件及税费缴纳凭证核查

 情境导入

　　杨先生最近事业发展不顺，资金周转不灵，想变卖手头一辆奔驰汽车，于是来到二手车评估公司要求对车辆进行估价，以便以合适的价格出手(其实杨先生的车辆早前做了银行贷款的抵押登记)。小伍是新业务员，他不确定接待杨先生该向他要哪些车辆证件材料，这些证件材料又该怎样核实，因此向资深评估师老黄做了咨询。

　　分析：

　　作为二手车评估前辈的老黄，应该如何对小伍进行指导，才能让他做好评估前的核查工作，避免工作中出现麻烦呢？让我们一起来学习查验二手车证件及税费缴纳凭证的相关知识与能力吧。

　　(1) 法规政策要求。二手车属于特殊商品，必须按照国家法规和地方性法规办理相关证件和缴纳各项税费，只有手续齐全，才能发挥机动车辆的实际效用，构成车辆的全价值，车辆也才能正常上路行驶。老黄的第一个建议：二手车从业人员应该学习、掌握与机动车登记规定、机动车安全技术检验制度、车辆保险知识等相关的车辆使用管理的法规政策，只有在二手车评估前对车辆是否可交易做出精准的辨别，才能不做违反程序的事情。

　　(2) 前期检查评估。根据二手车鉴定评估的标准化流程，查验机动车登记证书、机动车行驶证、车辆保险单等法定证明、凭证是否齐全，评估确定车辆是否可以交易，从而进一步确定是否需要开展实车鉴定。老黄的第二个建议：老黄向小伍介绍了汽车允许上路需要办理哪些证件、缴纳哪些税费，并建议小伍学习国家法规政策对汽车证件和税费的相关规定，学习汽车证件和税费的查验方法，以确保前期检查评估时，对车辆是否可交易做出精准的辨别。

　　(3) 素养养成要求。一个人无论在何种岗位从事何种工作，都必须认认真真对待，兢兢业业做好，不能有一丝一毫的马虎。老黄的第三个建议：小伍必须牢固树立求真务实的观念，养成严谨细致的工作作风，对客户负责，对公司负责，更是对自己的负责。如果因为疏忽，评估或经营了不合规的车辆，评估工作无效不说，更可能带来不必要的纠纷。

 学习目标

　　✦ **专业能力目标：**
- 掌握二手车法定证件的核查内容。
- 掌握二手车税费缴纳凭证的核查内容。

- 培养二手车证件、税费缴纳凭证的查验能力。
- 能够按规定检查二手车交易所需的各项证件、税费缴纳凭证，并能识别其真伪。

✦ 社会能力目标：
- 培养良好的沟通能力，能与人做有效的沟通。
- 培养良好的团队合作能力，有团队合作精神。

✦ 思政目标：
- 能自觉遵守二手车行业的职业道德规范和职业行为规范。
- 养成严谨、细致、公正、务实的工作作风。
- 培育精益求精的工匠精神。

 专业知识

一、二手车的证件

（一）二手车的手续

二手车的手续是指机动车上路行驶，按照国家法规和地方性法规应该办理的各项有效证件和应该缴纳的各项税费。

二手车属于特殊商品，它的价值包括车辆实体本身的有形价值和以各项手续构成的无形价值，只有这些手续齐全，才能发挥机动车辆的实际效用，构成车辆的全价值。如果某汽车购买使用一段时间以后，不按规定进行年检、缴纳各种费用，那么这辆汽车的状况再好也只能闲置在库房，不能发挥实际效用。

（二）二手车的证件

1. 机动车来历凭证

机动车来历凭证主要包括以下 9 个方面：

(1) 在国内购买机动车的来历凭证，分新车和二手车的来历凭证，是全国统一的机动车销售发票，或者二手车销售发票，如图 2-1 所示；在国外购买机动车，其来历凭证是该汽车销售单位开具的销售发票及其翻译文本。新车来历凭证是指经国家工商行政管理机关验证盖章的机动车销售发票。其中，没收的走私、非法拼(组)装汽车、摩托车的销售发票是国家指定的机动车销售单位的销售发票。二手车来历凭证是指经国家工商行政管理机关验证盖章的二手车交易发票。

(2) 因经济赔偿、财产分割等所有权发生转移，由人民法院调解、裁定或者判决转移的机动车，其来历凭证是人民法院出具的已经生效的调解书、裁定书或者判决书，以及相应的协助执行通知书。

(3) 仲裁机构仲裁裁决的机动车，其来历凭证是仲裁裁决书和人民法院出具的协助执行通知书。

(4) 继承、赠予、中奖和协议抵偿债务的机动车，其来历凭证是继承、赠予、中奖和协议抵偿债务的相关文书和公证机关出具的公证书。

(5) 资产重组或者资产整体买卖中包含的机动车,其来历凭证是资产主管部门的批准文件。

(6) 国家机关统一采购,并调拨到下属单位未注册登记的机动车,其来历凭证是全国统一的机动车销售发票和该部门出具的调拨证明。

(7) 国家机关已注册登记并调拨到下属单位的机动车,其来历凭证是该部门出具的调拨证明。

(8) 经公安机关破案发还的被盗抢且已向原机动车所有人理赔完毕的机动车,其来历凭证是保险公司出具的权益转让证明书。

(9) 更换发动机、车身、车架的机动车,其来历凭证是销售单位开具的发票或者修理单位开具的发票。

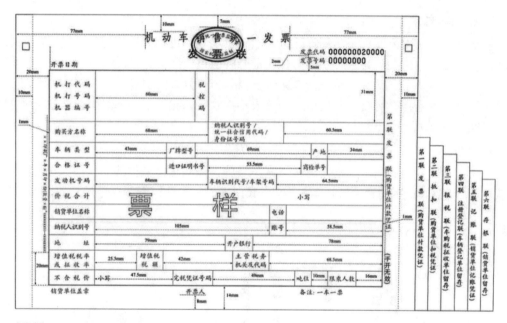

图 2-1　机动车销售发票

从机动车的来历凭证可以看出,车主购置车辆的日期和原始价值,它们是二手车鉴定评估的评估参数之一。

2. 机动车行驶证

机动车行驶证是由公安机关车辆管理所依法对机动车辆进行注册后登记核发的证件,

它是机动车取得合法行驶权的凭证，如图 2-2 所示。农用拖拉机由当地公安机关交通管理所委托农机监理部门核发证件。《中华人民共和国道路交通安全法》规定，机动车行驶证是机动车上路行驶必须携带的证件；《机动车登记规定》规定，机动车行驶证是二手车过户、转籍必不可少的证件。

图 2-2   机动车行驶证

3. 机动车号牌

机动车号牌是由公安机关车辆管理所依法对机动车辆进行注册登记核发的号牌，它和机动车行驶证一同核发，其号牌字码与行驶证号牌应该一致，是机动车取得合法行驶权的标志。《中华人民共和国道路交通安全法》规定，机动车号牌应当按照规定悬挂并保持清晰、完整，不得故意遮挡、污损。任何单位和个人不得收缴、扣留机动车号牌。严禁无号牌的机动车辆上路行驶。

1) 机动车号牌的分类、规格、颜色、适用范围

机动车号牌有蓝底白字白框线的小型汽车号牌，黄底黑字黑框线的大型汽车号牌和教练汽车号牌，蓝底白字的轻便摩托车号牌，黑底白字的驻华使馆或领事馆号牌等，见图 2-3。

图 2-3   机动车号牌样式示意图

对于特殊车辆，其号牌有特殊的规定，如白底黑字红"警"字车牌为警用号牌，黑底白字红"使"字车牌为驻华使领馆号牌，黄底黑字黑"学"字车牌为教练汽车号牌，等等。

除临时行驶车的号牌基材为纸质，其余机动车号牌基材均为金属。号牌上字的尺寸大小也都有明确的规定，可查阅《中华人民共和国机动车号牌》(GA 36—2018)标准附件。机动车号牌按 GA 36—2018 标准制作，规格见表 2-1。

表 2-1 机动车号牌的分类规格颜色适用范围

序号	分类	外廓尺寸 /(mm × mm)	颜 色	数量	适用范围
1	大型汽车号牌	前：440 × 140 后：440 × 220	黄底黑字，黑框线	2	符合 GA802 规定的中型(含)以上载客、载货汽车和专项作业车；有轨电车
2	挂车号牌	440 × 220		1	符合 GA802 规定的挂车
3	大型新能源汽车号牌	480 × 140	黄绿底黑字，黑框线		符合 GA802 规定的中型(含)以上的新能源汽车
4	小型汽车号牌	440 × 140	蓝底白字，白框线		符合 GA802 规定的中型以下的载客、载货汽车和专项作业车
5	小型新能源汽车号牌	480 × 140	渐变绿底黑字，黑框线	2	符合 GA802 规定的中型(含)以下的新能源汽车
6	使馆汽车号牌		黑底白字，白框线		符合外发〔2017〕10 号通知规定的汽车
7	领馆汽车号牌				驻华领事馆的汽车
8	港澳入出境车号牌	440 × 140	黑底白字，白框线		港澳地区入出内地的汽车
9	教练汽车号牌		黄底黑字，黑框线		教练用汽车
10	警用汽车号牌		白底黑字，黑框线		汽车类警车
11	普通摩托车号牌		黄底黑字，黑框线		符合 GA802 规定的两轮普通摩托车、边三轮摩托车和正三轮摩托车
12	轻便摩托车号牌	220 × 140	蓝底白字，白框线	1	符合 GA802 规定的两轮轻便摩托车和正三轮轻便摩托车
13	使馆摩托车号牌		黑底白字，白框线		符合外发〔2017〕10 号通知规定的摩托
14	领馆摩托车号牌		黑底白字，白框线		驻华领事馆的摩托车
15	教练摩托车号牌	220 × 140	黄底黑字，黑框线	1	教练用摩托车
16	警用摩托车号牌		白底黑字，红"警"字，黑框线		摩托车类警车
17	低速车号牌	300 × 165	黄底黑字，黑框线	2	符合 GA802 规定的低速载货汽车、三轮汽车和轮式专用机械车

续表

序号	分类	外廓尺寸 /(mm × mm)	颜 色	数量	适用范围
18	临时行驶车号牌	220 × 140	天(酞)蓝底纹，黑字，黑框线	2	行政辖区内临时行驶的载客汽车
				1	行政辖区内临时行驶的其他机动车
			棕黄底纹，黑字，黑框线	2	跨行政辖区临时行驶的载客汽车
				1	跨行政辖区临时行驶的其他机动车
			棕黄底纹，黑"试"字，黑字，黑框线	2	试验用载客汽车
				1	试验用其他机动车
			棕黄底纹，黑"超"字，黑字，黑框线	1	特型机动车，质量参数和/或尺寸参数超出 GB 1589 规定的汽车、挂车
19	临时入境汽车号牌		白底棕蓝色专用底纹，黑字，黑边框	1	临时入境汽车
20	临时入境摩托车号牌	88 × 60		1	临时入境摩托车
21	拖拉机号牌	按 NY345.1 执行			上道路行驶的拖拉机

2) 号牌的位置

根据《中华人民共和国道路交通安全法实施条例》的规定，机动车号牌应当悬挂在车前、车后指定的位置，并且保持清晰、完整。重型、中型载货汽车及其挂车、拖拉机及其挂车的车身或者车厢后部应当喷涂放大的牌号，字样应当端正，并保持清晰。

4. 机动车登记证书

根据 2022 年 5 月 1 日起实施的《机动车登记规定》，在我国境内道路上行驶的机动车，应当按规定经车辆管理所办理登记，车辆管理所使用全国统一的计算机管理系统办理机动车登记，核发机动车登记证书、号牌、机动车行驶证和检验合格标志。

机动车所有人申请办理机动车各项登记业务时，均应出具机动车登记证书，如图 2-4 所示；当登记信息发生变动时，在机动车登记证书上签注转让事项，机动车所有人应当将机动车登记证书随车交给机动车现所有人。机动车登记证书还可以作为有效资产证明申请办理抵押贷款，车辆管理所应审

图 2-4 机动车登记证书

查提交的证明、凭证，在机动车登记证书上签注抵押登记的内容和日期。

机动车登记证书是机动车的"户口本"，机动车的详细信息及机动车所有人的资料都记载在上面，证书上所记载的原始信息发生变化时，机动车所有人应携带机动车登记证书到车管所进行变更登记，这样"户口本"上就有关于此机动车的完整记录。

二手车鉴定评估人员必须认真查验机动车登记证书。机动车登记证书与机动车行驶证相比内容更详细，一些评估参数必须从机动车登记证书上获取，如使用性质的确定等。

5. 机动车安全技术检验合格标志

《机动车登记规定》规定：机动车所有人可以在机动车检验有效期满前三个月内向车辆管理所申请检验合格标志。除大型载客汽车、校车以外的机动车因故不能在登记地检验的，机动车所有人可以向车辆所在地的车辆管理所申请检验合格标志。

(1) 申请前，机动车所有人应当将涉及该车的道路交通安全违法行为和交通事故处理完毕。

(2) 申请时，机动车所有人应当确认申请信息并提交行驶证、机动车交通事故责任强制保险凭证、车船税纳税或者免税证明、机动车安全技术检验合格证明。

(3) 车辆管理所应当自受理之日起一日内，审查提交的证明、凭证，核发检验合格标志。

(4) 对免予到机动车安全技术检验机构检验的机动车，机动车所有人申请检验合格标志时，应当提交机动车所有人身份证明或者行驶证、机动车交通事故责任强制保险凭证、车船税纳税或者免税证明。

(5) 公安机关交通管理部门应当实行机动车检验合格标志电子化，在核发检验合格标志的同时，发放检验合格标志电子凭证。

检验合格标志电子凭证与纸质检验合格标志具有同等效力。

机动车安全技术检验由机动车安全技术检验机构实施，应当按照国家机动车安全技术检验标准对机动车进行检验，并对检验结果承担法律责任。

6. 其他证件

其他证件即买卖双方证明或居民身份证。这些证件主要是向注册登记机关提供机动车所有权转移的车主身份证明和住址证明。

二、二手车的税费缴纳凭证

(一) 车辆购置税完税说明

车辆购置税是由车辆购置附加费演变而来的，中华人民共和国国务院令第 294 号《中华人民共和国车辆购置税暂行条例》规定(该规定已经废除，仅用于说明车辆购置税是从什么时候起征的)，从 2001 年 1 月 1 日起，我国将开征车辆购置税，取代车辆购置附加费。

将车辆购置附加费改为车辆购置税，要求纳税人依法缴纳税款，有利于理顺政府分配关系，提高财政收入占 GDP 的比重，增强政府宏观调控能力。开征车辆购置税，取代原有车辆购置附加费，有利于交通基础建设资金的依法足额筹集，确保资金专款专用，从而促进交通基础设施建设事业的健康发展。

按照国家规定，车辆购置税的征收和免征范围如下：

1. 车辆购置税的征收范围

在中华人民共和国境内购置汽车、有轨电车、汽车挂车、排气量超过一百五十毫升的摩托车(以下统称应税车辆)的单位和个人，为车辆购置税的纳税人，应当依照《中华人民共和国车辆购置税法》规定缴纳车辆购置税。

车辆购置税实行一次性征收。购置已征车辆购置税的车辆，不再征收车辆购置税。

2. 车辆购置税的征收范围标准

车辆购置税由国家税务总局征收，资金的使用由交通运输部门按照国家有关规定统一安排。车辆购置税的征收标准是按车辆计税价格的10%计征，自购车之日起60日内必须申报缴纳车辆购置税，超过期限再申报缴纳的要加收滞纳金。车辆购置税是购买车辆后最大的一项费用，计算公式如下：

$$车辆购置税额 = 车辆计税价格 \times 10\%$$

不同车辆的计税价格如下：

(1) 纳税人购买自用应税车辆的计税价格，为纳税人实际支付给销售者的全部价款，不包括增值税税款(增值税率 13%)。因为机动车销售专用发票的购车价中含有增值税税款，因此在计征车辆购置税税额时，要先将增值税剔除，即

$$车辆购置税计税价格 = \frac{发票价}{1.13}$$

(2) 纳税人进口自用应税车辆的计税价格，为关税完税价格加上关税和消费税。购买进口自用车，其计税价格公式为

$$计税价格 = 关税完税价格 + 关税 + 消费税$$

(3) 以受赠、获奖或者其他方式取得的自用应税车辆的计税价格，按照购置应税车辆时，相关凭证载明的价格确定，不包括增值税税款。

3. 车辆购置税的减免规定

自2019年7月1日起，施行的中华人民共和国主席令第十九号《中华人民共和国车辆购置税法》规定了下列车辆免征车辆购置税：

(1) 依照法律规定应当予以免税的外国驻华使馆、领事馆和国际组织驻华机构及其有关人员自用的车辆。

(2) 中国人民解放军和中国人民武装警察部队列入装备订货计划的车辆。

(3) 悬挂应急救援专用号牌的国家综合性消防救援车辆。

(4) 设有固定装置的非运输专用作业车辆。

(5) 城市公交企业购置的公共汽电车辆。

根据国民经济和社会发展的需要，国务院可以规定减征或者其他免征车辆购置税的情形，报全国人民代表大会常务委员会备案。

(二) 车船税

2011年2月25日，中华人民共和国主席令第四十三号通过了《中华人民共和国车船税法》，自2012年1月1日起施行。随着我国汽车生产与消费的快速增长，石油紧缺、交

通拥堵、空气污染等问题也接踵而至。因此，在税制相对稳定，制定法律条件比较成熟的情况下，有必要将车船税暂行条例上升为法律，将车船管理人作为车船税的纳税人。

2019 年 4 月 23 日，第十三届全国人民代表大会常务委员会第十次会议通过了对《中华人民共和国车船税法》的修改决定。

1. 车船税税目税额

在中华人民共和国境内属于《中华人民共和国车船税法》所附的车船税税目税额表(见表 2-2)规定的车辆、船舶(以下简称车船)的所有人或者管理人，为车船税的纳税人，应当依照本法缴纳车船税。

表 2-2　车船税税目税额表

税　目		计税单位	年基准税额	备　注
乘用车 [按发动机汽缸容量(排气量)分挡]	1.0 升(含)以下的	每辆	60 元至 360 元	核定载客人数 9 人(含)以下
	1.0 升以上至 1.6 升(含)的		300 元至 540 元	
	1.6 升以上至 2.0 升(含)的		360 元至 660 元	
	2.0 升以上至 2.5 升(含)的		660 元至 1 200 元	
	2.5 升以上至 3.0 升(含)的		1 200 元至 2 400 元	
	3.0 升以上至 4.0 升(含)的		2 400 元至 3 600 元	
	4.0 升以上的		3 600 元至 5 400 元	
商用车	客车	每辆	480 元至 1 440 元	核定载客人数 9 人以上，包括电车
	货车	整备质量每吨	16 元至 120 元	包括半挂牵引车、三轮汽车和低速载货汽车等
挂车		整备质量每吨	按照货车税额的50%计算	
其他车辆	专用作业车	整备质量每吨	16 元至 120 元	不包括拖拉机
	轮式专用机械车		16 元至 120 元	
摩托车		每辆	36 元至 180 元	
船舶	机动船舶	净吨位每吨	3 元至 6 元	拖船、非机动驳船分别按照机动船舶税额的 50%计算
	游艇	艇身长度每米	600 元至 2 000 元	

2. 车船税的减免规定

《中华人民共和国车船税法》(2019 修正)规定下列车船免征车船税：

(1) 捕捞、养殖渔船。

(2) 军队、武装警察部队专用车船。

(3) 警用车船。

(4) 悬挂应急救援专用号牌的国家综合性消防救援车辆和国家综合性消防救援专用船舶。

(5) 依照法律规定应当予以免税的外国驻华使领馆、国际组织驻华代表机构及其有关人员的车船。

对节约能源、使用新能源的车船可以减征或者免征车船税，对受严重自然灾害影响纳税困难以及有其他特殊原因确需减税、免税的，可以减征或者免征车船税。具体办法由国务院规定，并报全国人民代表大会常务委员会备案。

3. 征收方式

从事机动车第三者责任强制保险业务的保险机构为机动车车船税的扣缴义务人，应当在收取保险费时依法代收车船税，并出具代收税款凭证。

(三) 机动车保险费

机动车保险是各种机动车在使用过程中发生肇事，造成车辆本身以及第三者人身伤亡和财产损失后的一种经济补偿制度。机动车保险种类按性质可以分为机动车交通事故责任强制保险(简称交强险)和商业险。

交强险是国家规定强制购买的保险，机动车必须购买后才能够上路行驶、年检、挂牌，且在发生第三者损失需要理赔时，必须先赔付交强险再赔付其他险种。

商业险是非强制购买的保险，车主可以根据实际情况进行购买。

1. 交强险

交强险即机动车交通事故责任强制保险，是我国首个由国家法律规定实行的强制保险制度。交强险是由保险公司对被保险机动车发生道路交通事故造成受害人(不包括本车人员和被保险人)的人身伤亡、财产损失，在责任限额内予以赔偿的强制性责任保险。

实行交强险制度就是通过国家法律强制机动车所有人或管理人购买相应的责任保险，以提高三责险的投保面，最大限度上为交通事故受害人提供及时和基本的保障。2006 年 7 月 1 日之后，未按规定投保交强险的机动车不得上路。

1) 机动车交通事故责任强制保险责任限额

为贯彻落实《关于实施车险综合改革的指导意见》中关于提升交强险保障水平的要求，中国银保监会 2020 年 9 月 9 日发布了《关于调整交强险责任限额和费率浮动系数的公告》。新责任限额方案内容见表 2-3，相比原来的责任限额，新责任限额除了财产损失赔偿限额维持不变外，死亡伤残赔偿限额和医疗费用赔偿限额均有较大的提高。

表 2-3　机动车交通事故责任强制保险责任限额

被保险车辆责任情况	死亡伤残赔偿限额	医疗费用赔偿限额	财产损失赔偿限额
被保险机动车 交通事故中有责任	180 000 元	18 000 元	2 000 元
被保险机动车 交通事故中无责任	18 000 元	1 800 元	100 元

2) 交强险费率和浮动系数

(1) 机动车交通事故责任强制保险基础费率见表 2-4。

表 2-4 机动车交通事故责任强制保险基础费率表(2008 版)

车辆大类	序号	车辆明细分类	保费/元
一、家庭自用车	1	家庭自用汽车 6 座以下	950
	2	家庭自用汽车 6 座及以上	1 100
二、非营业客车	3	企业非营业汽车 6 座以下	1 000
	4	企业非营业汽车 6～10 座	1 130
	5	企业非营业汽车 10～20 座	1 220
	6	企业非营业汽车 20 座以上	1 270
	7	机关非营业汽车 6 座以下	950
	8	机关非营业汽车 6～10 座	1 070
	9	机关非营业汽车 10～20 座	1 140
	10	机关非营业汽车 20 座以上	1 320
三、营业客车	11	营业出租租赁 6 座以下	1 800
	12	营业出租租赁 6～10 座	2 360
	13	营业出租租赁 10～20 座	2 400
	14	营业出租租赁 20～36 座	2 560
	15	营业出租租赁 36 座以上	3 530
	16	营业城市公交 6～10 座	2 250
	17	营业城市公交 10～20 座	2 520
	18	营业城市公交 20～36 座	3 020
	19	营业城市公交 36 座以上	3 140
	20	营业公路客运 6～10 座	2 350
	21	营业公路客运 10～20 座	2 620
	22	营业公路客运 20～36 座	3 420
	23	营业公路客运 36 座以上	4 690
四、非营业货车	24	非营业货车 2 吨以下	1 200
	25	非营业货车 2～5 吨	1 470
	26	非营业货车 5～10 吨	1 650
	27	非营业货车 10 吨以上	2 220
五、营业货车	28	营业货车 2 吨以下	1 850
	29	营业货车 2～5 吨	3 070
	30	营业货车 5～10 吨	3 450
	31	营业货车 10 吨以上	4 480

车辆大类	序号	车辆明细分类	保费/元
六、特种车	32	特种车一	3 710
	33	特种车二	2 430
	34	特种车三	1 080
	35	特种车四	3 980
七、摩托车	36	摩托车 50 CC 及以下	80
	37	摩托车 50～250 CC(含)	120
	38	摩托车 250 CC 以上及侧三轮	400
八、拖拉机	39	兼用型拖拉机 14.7 kW 及以下	按保监产险〔2007〕53 号实行地区差别费率
	40	兼用型拖拉机 14.7 kW 以上	
	41	运输型拖拉机 14.7 kW 及以下	
	42	运输型拖拉机 14.7 kW 以上	

注：① 座位和吨位的分类都按照"含起点不含终点"的原则来解释。

② 特种车一：油罐车、气罐车、液罐车；特种车二：专用净水车、特种车一以外的罐式货车，以及用于清障、清扫、清洁、起重、装卸、升降、搅拌、挖掘、推土、冷藏、保温等的各种专用机动车；特种车三：装有固定专用仪器设备从事专业工作的监测、消防、运钞、医疗、电视转播等的各种专用机动车；特种车四：集装箱拖头。

③ 挂车根据实际的使用性质并按照对应吨位货车的 30%计算。

④ 低速载货汽车参照运输型拖拉机 14.7 kW 以上的费率执行。

(2) 交强险费率浮动系数。

2020 年 9 月 20 日执行的新费率浮动系数方案，明确了全国各地区的费率浮动系数方案由原来的 1 类细分为现在的 5 类。浮动比率中的上浮保持 30%不变，下浮由原来最低的 −30%扩大到 −50%，提高对未发生赔付消费者的费率优惠幅度。通过引入 5 类费率浮动系数，在一定程度上缓解了交强险赔付率在各地之间差异较大的问题，也提高了部分地区较低水平的交强险赔付率。

2. 商业险

机动车商业保险分为主险和附加险。

中国保险行业协会机动车商业保险示范条款(2020 版)规定，主险包括机动车损失保险、机动车第三者责任保险、机动车车上人员责任保险共三个独立的险种，投保人可以选择投保全部险种，也可以选择投保其中部分险种。保险人依照本保险合同的约定，按照承保险种分别承担相应的保险责任。

附加险不能独立投保，先投保车辆主险后才能投保相应的附加险。附加险条款与主险条款相抵触的，以附加险条款为准；附加险条款未尽之处，以主险条款为准。

1) 机动车损失保险

机动车损失保险是车辆保险中最主要的险种。投保与不投保这个险种，需权衡一下它的作用。若不投保，车辆碰撞后的修理费用需要自己全部承担。

(1) 保险责任。保险期间内，被保险人或被保险机动车驾驶人(以下简称"驾驶人")在使用被保险机动车过程中，因自然灾害、意外事故造成被保险机动车直接损失，且不属于免除保险人责任的范围，保险人依照本保险合同的约定负责赔偿；保险期间内，被保险机动车被盗窃、抢劫、抢夺，经出险地县级以上公安刑侦部门立案证明，满 60 天未查明下落的全车损失，以及因被盗窃、抢劫、抢夺受到损坏造成的直接损失，且不属于免除保险人责任的范围，保险人依照本保险合同的约定负责赔偿。

发生保险事故时，被保险人或驾驶人为防止或者减少被保险机动车的损失所支付的必要的、合理的施救费用，由保险人承担；施救费用数额在被保险机动车损失赔偿金额以外的另行计算，且最高不超过保险金额。

(2) 保险金额。保险金额按投保时被保险机动车的实际价值确定。投保时被保险机动车的实际价值由投保人与保险人根据投保时的新车购置价格减去折旧金额后的价格或其他市场公允价格协商确定。

2) 机动车第三者责任保险

机动车第三者责任保险负责保险车辆在使用过程中发生意外事故造成他人(即第三者)的人身伤亡或财产的直接损失的赔偿责任。因为交强险在对第三者的医疗费用和财产损失上赔偿较低，买了交强险仍可考虑购买第三者责任险作为附加险。

(1) 保险责任。在保险期间内，被保险人或其允许的驾驶人在使用被保险机动车过程中发生了意外事故，致使第三者遭受人身伤亡或财产直接损失，依法应当对第三者承担的损害赔偿责任，且不属于免除保险人责任的范围，保险人依照本保险合同的约定，对于超过机动车交通事故责任强制保险各分项赔偿限额的部分负责赔偿。

保险人依据被保险机动车一方在事故中所负的事故责任比例，承担相应的赔偿责任。

(2) 责任限额。每次事故的责任限额，由投保人和保险人在签订本保险合同时协商确定。

主车和挂车连接使用时视为一体，发生保险事故时，由主车保险人和挂车保险人按照保险单上载明的机动车第三者责任保险责任限额的比例，在各自的责任限额内承担赔偿责任。

3) 机动车车上人员责任保险

(1) 保险责任。在保险期间内，被保险人或其允许的驾驶人在使用被保险机动车的过程中发生了意外事故，致使车上的人员遭受了人身伤亡，且不属于免除保险人责任的范围，依法应当对车上人员承担的损害赔偿责任，保险人依照本保险合同的约定负责赔偿。

保险人依据被保险机动车一方在事故中所负的事故责任比例，承担相应的赔偿责任。

(2) 责任限额。驾驶人每次事故责任限额和乘客每次事故每人责任限额由投保人和保险人在投保时协商确定。投保乘客座位数按照被保险机动车的核定载客数(驾驶人座位除外)确定。

4) 附加险

附加险条款的法律效力优于主险条款。附加险条款未尽事宜，以主险条款为准。除附加险条款另有约定外，主险中的责任免除、双方义务同样适用于附加险。主险保险责任终止的，其相应的附加险保险责任同时终止。

(1) 车损险的附加险。车损险的附加险有车轮单独损失险、新增加设备损失险、车身划痕损失险、修理期间费用补偿险、发动机进水损坏等。

(2) 三者险或车上人员险的附加险。三者险或车上人员险的附加险有精神损害抚慰金责任险、医保外医疗费用责任险；三者险的附加险还有法定节假日限额翻倍险。

投保了机动车保险后，可投保附加机动车增值服务特约条款。

 操作训练

机动车是特殊商品，有合规的证件和税费缴纳凭证才能合法上路；有合规的证件和税费缴纳凭证才能进行二手车交易，否则影响其过户。

二手车的证件和税费缴纳凭证，可能会被伪造，比如将非法车辆挂上伪造牌号，携带伪造行驶证非法上路行驶，以蒙骗公安机关交通管理部门的检查；非法车辆为了完成交易，可能需要伪造证件，从中牟取利益。

因此，二手车鉴定评估人员应该能够按规定检查二手车交易所需的各项证件、税费缴纳凭证，并且能识别其真伪。

一、二手车证件的核查

根据《二手车流通管理办法》规定，二手车交易必须提供机动车来历凭证、机动车行驶证、机动车登记证书、机动车号牌、道路运输证、机动车安全技术检验合格标志等法定证明、凭证。

(一) 查验机动车来历凭证

1. 机动车来历凭证的查验

机动车来历凭证除了全国统一的新车销售发票和二手车销售发票外，还有法院调解书、裁定书、判决书等。

由发票可以看出购车日期，购买方名称、纳税人识别号、统一社会信用代码、身份证号码，纳税合计，车辆类型、厂牌型号、产地、合格证号，进口证明书号，商检编号，发动机号码，车辆识别代号/车牌号码，吨位，限乘人数，销货单位名称、电话、纳税人识别号、账号、地址、开户银行，增值税税率或征收率，增值税税额，主管税务机关及代码，不含税价等信息。

2. 汽车销售发票的识伪

在查验汽车销售发票时，应仔细检查国家财务专用章和其他章的真假。发票监制章是识别发票真伪的重要法定标志。全国统一启用的新版发票"发票监制章"，其形状为椭圆形，上环刻制"全国统一发票监制章"字样，下环刻制"国家税务局监制"字样，中间刻制税务机关所在地的省、市全称或简称，字体为正楷，印色为大红色，紫外线灯下，呈橘黄色，荧光反映，套印在发票联的票头正中央。此外，还可从发票联是否采用防伪专用纸等方面识别。用发票防伪鉴别仪器识别防伪油墨，看其是否统一的防伪油墨。这些防伪措施是识别发票真伪的重要依据。

(二) 查验机动车行驶证

1. 机动车行驶证的查验

机动车行驶证由证夹、主页、副页组成。其中，证夹起保护作用。主页有两面，一面是对应车辆的彩照，另一面则包含了车辆的号牌号码、车辆类型、所有人、所有人住址、使用性质、品牌型号、车辆识别代号、发动机号码、注册日期及发证日期。副页中附有汽车的号牌号码、档案编号、核定载人数、总质量、整备质量、外形尺寸、检验记录等。

根据《机动车登记规定》规定，机动车行驶证是二手车过户、转籍必不可少的证件，应认真检查，并查验其真伪。

2. 机动车行驶证的识伪

为了防止伪造机动车行驶证，机动车行驶证使用了多个防伪技术，下面列举几个机动车行驶证的识伪办法：

(1) 机动车行驶证塑封套按照统一专用防伪塑封套的技术要求，使用双通道变色、双色荧光图案，采用全息透镜技术。

(2) 机动车行驶证证芯材料采用专用纸张，非标准克重的专用安全纸张，嵌入荧光纤维和开窗式彩色金属线，底纹为专业防伪印刷，并采用随机底纹、特殊暗记和印章荧光印刷等技术。

(3) 机动车行驶证的字库是交警专用的，非普通字库排版。如中华人民共和国的"国"字中的"、"与其下方的"一"相连，数字"2""5"的一横收尾均向上翘等。

(4) 查看车辆彩照与实物是否相符。

(5) 查看机动车行驶证纸张质量和印刷质量。伪造的机动车行驶证一般纸质会差些，印刷也会有瑕疵。比如机动车行驶证副页上的检验记录章，车辆没有按规定时间到车辆管理部门去办理检验手续，私刻公章盖章的。

对有怀疑的行驶证可去发证的公安机关车辆管理部门进行核实。

(三) 查验机动车登记证书

1. 机动车登记证书的查验

机动车登记证书上所记载的原始信息发生变化时，机动车所有人应携带机动车登记证书到车管所进行变更登记(见图 2-5)。所以，一些评估参数必须从机动车登记证书中获取，如车辆使用性质的确定等。因此，应详细检查机动车登记证书每个项目的内容及其变更情况。

(1) 核对机动车所有人是否曾为出租公司或租赁公司。

(2) 核对机动车登记日期和出厂日期是否时间跨度很大。

(3) 核对进口车是否为海关进口或海关罚没。

(4) 核对机动车性质是否为营运、租赁或营转非。

(5) 核对登记栏内是否注明该车已作抵押。

(6) 对于货运车辆应核对长宽高、轮距、轴距、轮胎的规格是否一致。

(7) 核对钢板弹簧片数是否一致或有加厚现象。

(8) 核对现机动车登记证书持有人与委托人是否一致。

4C662B5FA1D933471086571

编号： *3300214901031*

注册登记摘要信息栏

I	1.机动车所有人/身份证明名称/号码	居民身份证/32110219 ▨▨12X				
	2.登 记 机 关	金华市公安局交警支队车管所	3.登记日期	2017 ▨▨29	4.机动车登记编号	浙G7▨

转移登记摘要信息栏

II	机动车所有人/身份证明名称/号码				
	登 记 机 关		登 记 日 期		机动车登记编号
III	机动车所有人/身份证明名称/号码				
	登 记 机 关		登 记 日 期		机动车登记编号
IV	机动车所有人/身份证明名称/号码				
	登 记 机 关		登 记 日 期		机动车登记编号
V	机动车所有人/身份证明名称/号码				
	登 记 机 关		登 记 日 期		机动车登记编号
VI	机动车所有人/身份证明名称/号码				
	登 记 机 关		登 记 日 期		机动车登记编号
VII	机动车所有人/身份证明名称/号码				
	登 记 机 关		登 记 日 期		机动车登记编号

第 1 页

注册登记机动车信息栏

5.车 辆 类 型	小型普通客车		6.车辆品牌	奥迪牌	
7.车 辆 型 号			8.车身颜色	灰	
9.车辆识别代号/车架号	LFV▨▨73		10.国产/进口	国产	
11.发 动 机 号	391677		12.发动机型号	CUH	
13.燃 料 种 类	汽油		14.排量/功率	1984 ml/ 169 kw	
15.制 造 厂 名 称	一汽-大众汽车有限公司		16.转向形式	方向盘	
17.轮 距	前 1617 后 1614 mm		18.轮胎数	4	
19.轮 胎 规 格	235/55 R19		20.钢板弹簧片数	后轴 片	
21.轴 距	2807 mm		22.轴 数	2	
23.外 廓 尺 寸	长 4629 宽 1898 高 1655 mm		33.发证机关章		
24.货厢内部尺寸	长 宽 高 mm				
25.总 质 量	2365 kg	26.核定载质量	kg		
27.核 定 载 客	5 人	28.准牵引总质量	kg		
29.驾 驶 室 载 客	人	30.使 用 性 质	非营运	34.发证日期	2017-08-29
31.车辆获得方式	购买	32.车辆出厂日期	2017-04-25		

第 2 页

图 2-5　机动车登记证书内页

2. 机动车登记证书的识伪

机动车登记证书有多项防伪技术，下面列举几个识伪方法：

(1) 查看水印文字。翻开机动车登记证书内页,透光检查内页纸张,有水印文字"机动车登记证书"和"MOTOR VEHICLE REGISTER CERTIFICATE",并且清晰完整,这些文字是在纸张制造时通过模具成型技术做在纸张内部的,在不透光时看不到。

(2) 查看机动车登记证书车管所打印字体。同样,机动车登记证书采用的是交警专用的字库字体,比如"0"中间有一条起伏的横杠。

(3) 真的机动车登记证书中缝线为荧光材料制作,使用普通验钞用紫光灯照射即可发光,最后一页"重要提示"处,同样为荧光材料。

(4) 鉴别机动车登记证书的真伪,比较直接的方法就是去车管所进行核实。

(四) 查验机动车号牌

1. 机动车号牌的查验

机动车号牌应显示该车所在地的地市代码、该车户口所在省及车牌序号。金属材料号牌外观应满足:

(1) 表面应清晰、完整,不应有明显的皱纹、气泡、颗粒杂质等缺陷或损伤。

(2) 字符整齐,着色均匀。

(3) 表面不同反光区域应反光均匀,不应有明显差异,其中小型汽车号牌和轻便摩托车号牌字符应反光。

(4) 反光膜应与基材附着牢固,字符和加强筋边缘不应有断裂。

(5) 正面应有清晰的反光膜制造商标识、型号标识和省、自治区、直辖市汉字简称标识,标识和机动车登记编号方向一致且无倾斜。

(6) 生产序列标识应清晰完整。

2. 机动车号牌的识伪

公安部规定,机动车号牌实行准产管理制度,凡生产号牌的企业,必须申请号牌准产证,经省级公安交通主管部门综合评审,对符合条件的企业发放《机动车号牌准产证》。号牌的质量必须达到《中华人民共和国机动车号牌》标准,号牌上加有防伪合格标志。因此,机动车号牌的识别方法如下:

1) 查看号牌

查看生产序列标识是否为专用字体,看号牌底漆颜色深浅。机动车号牌除临时行驶车的号牌基材为纸质的,其余号牌的基材均为金属。查看车牌是否涂有反光材料,查看号牌是否按规格冲压边框,字体是否模糊。

正规的车牌经过高科技的处理,并采用一次成型技术,给人的视觉感受很好。伪造的号牌在阳光下存在颜色偏红或者偏黄、字体较瘦等"硬伤",只要仔细查看就能发现。

2) 用手触摸号牌

用手触摸号牌,尤其是周边棱角处,这是判断车辆是否存在假号牌的重要部位。由于正规号牌采用一次性成型技术,号牌上字体的边缘比较光滑,且号牌背面没有敲打和打磨痕迹。

3) 查看专用固封防盗帽

机动车号牌在安装方面设有专用固封,车辆号牌安装孔一定要带有能够代表当地缩写标记的专用固封。对于号牌的专用固封有破坏痕迹的车辆，二手车鉴定评估人员要引起重视，确定号牌的真伪。

4）查询车辆登记档案

查询车辆登记档案是最有效的方法是记下车牌号码，到车辆管理部门上网查询车辆登记档案。挪用牌照的套牌车有的是"套"不同车型牌照，有的是"套"同种车型牌照，有的还涂改车架号和相关标志。

(五) 查验机动车安全技术检验合格标志

1. 安全技术检验的规定

机动车应当从注册登记之日起，按照下列期限进行安全技术检验。

(1) 营运载客汽车 5 年以内每年检验一次，超过 5 年的，每 6 个月检验一次。

(2) 载货汽车和大型、中型非营运载客汽车 10 年以内每年检验一次，超过 10 年的，每 6 个月检验一次。

(3) 小型、微型非营运载客汽车 6 年以内每 2 年检验一次，超过 6 年的，每年检验一次，超过 15 年的，每 6 个月检验一次。

(4) 摩托车 4 年以内每 2 年检验一次，超过 4 年的，每年检验一次。

(5) 拖拉机和其他机动车每年检验一次。

2. 私家车检验政策

为优化私家车检验周期，自 2022 年 10 月 1 日起，公安部推出深化车检制度改革的新措施，对非营运小型、微型载客汽车(9 座及 9 座以下的，不含面包车)检验周期如下：

(1) 6 年以内，需要每 2 年到车管所申领一次年检标志，也可以在"交管 12123"App 上申领，分别是第 2 年、第 4 年申领年检标志。

(2) 将 10 年内上线检验 3 次(第 6 年、第 8 年、第 10 年)，调整为检验 2 次(第 6 年、第 10 年)，第 8 年为申领年检标志。

(3) 将原 15 年以后每半年检验 1 次调整为每年检验 1 次。

3. 安全技术检验管理

《机动车登记规定》(公安部令第 102 号)规定：机动车所有人可以在机动车检验有效期满前三个月内向登记地车辆管理所申请检验合格标志。

《道路交通安全违法行为记分管理办法》规定，车辆未按照规定期限进行安全技术检验的，由公安机关交通管理部门对机动车驾驶人一次记 3 分，缴纳罚款后才可以进行年检。

年审过期的车辆，如果发生了交通事故，肯定是全责，并且事故产生的费用保险公司不予理赔。所以车辆的年审过期要及时补审，补审的时候也不要开未年审的车上路。

图 2-6 表明该汽车已经通过了机动车的安全技术检验，并在 2023 年拥有上路行驶的资格。

图 2-6 机动车检验合格标志

二、二手车税费缴纳凭证的核查

根据《二手车流通管理办法》规定，二手车交易必须提供车辆购置税完税证明、车船税缴纳凭证、车辆保险单等税费缴纳凭证、证明。

(一) 查验车辆购置税完税证明

1. 车辆购置税完税证明的查验

对于 2001 年以后购买的汽车，需要缴纳车辆购置税(见图 2-7、图 2-8)，对于一些特殊购车单位和专用车辆，其车辆购置税可减免，这些内容车辆购置税完税证明上均有说明。属于旧版购置税完税证明的，完税(包括减税)车辆需要加盖车辆购置税征税专用章，免税车辆需要加盖车辆购置免税专用章，以及盖征收机关公章后，此证明才有效。

(a) 新版　　　　　　　　　　　　　(b) 旧版

图 2-7　车辆购置税完税证明封面

图 2-8　新版车辆购置税完税证明内页

国税函〔2012〕567号通知启用新版《车辆购置税完税证明》，自2013年4月1日起施行。新版车辆购置税完税证明外观式样的主要变化及使用要求：

(1) 取消塑料皮与白卡纸外皮，正、副本为单页上下版面设计。

(2) 取消"征税栏""免税栏"，由车辆购置税征管系统根据征、免税情况自动打印"征税"或"免税"等字样。

(3) 车辆购置税征收机关打印新版车辆购置税完税证明后，在正、副本"(专用章)"处分别加盖征收机关"征税专用章"。

(4) 新增二维条码打印空白区，由车辆购置税征管系统自动编码、打印车辆完税信息。

2. 车辆购置税的识伪

(1) 车辆购置税完税证明的编号为黑色，共十位数字，且该编号在紫外线下会发亮。

(2) 车辆购置税完税证明的纸质坚韧，用手弹击声音清脆。二维条码在"车辆购置税完税证明"等字体下方的横条上，用放大镜可看到微缩文字。

(3) 二维条码左侧银色条花纹中，透光显示多个方向相反的"车辆购置税"五个字汉语拼音第一个大写字母CLGZS。

(4) 车辆购置税完税证明的正、副本备注页中有一个蓝色税徽。

(5) 车辆购置税完税证明的真伪除了采用对比法进行鉴定外，也可以上网查验或前往征收机关查验。

(二) 查验车船税缴纳凭证

(1) 查验车船税缴纳凭证是否在有效期范围内。车船税纳税义务发生时间为取得车船所有权或者管理权的当月。

(2) 车船税的纳税地点为车船的登记地或者车船税扣缴义务人所在地。依法不需要办理登记的车船，车船税的纳税地为车船的所有人或者管理人的所在地。

(3) 车船所有人与使用人不一致时，由车船所有人负责缴纳税款；车船所有人与管理人不一致时，由车船管理人负责缴纳税款。

(4) 车船税发票的真伪查询。纳税人可以携带机动车行驶证及个人有效证件到地税机关的征收窗口查询个人机动车车船税完税情况。

(三) 查验机动车保险单

1. 机动车保险单的查验

查询、核对保单信息，认真检查机动车保险单上所有保险的险种和保险期限，以及被保险人与车主是否一致。

2. 车辆保险合同的变更

一般情况下，保险利益随着保险标的所有权的转让而灭失，只有经保险公司同意批改后，保险合同方才重新生效。

二手车在交易、所有权转移后，一定要及时办理车辆保险合同等文件的变更。车辆保险合同的变更可以有两种方法：一是更改原保单的车主姓名；二是申请退保，终止以前合同后，重新办理一份新车险。

 **任务工单**

任务名称	二手车证件及税费缴纳凭证核查		班级	
学生姓名		学生学号	任务成绩	
任务目的	掌握二手车各种证件及税费缴纳凭证等相关知识，学习二手车各种证件、税费缴纳凭证的真伪鉴定技能			

一、知识准备

1. 车辆购置税一般是车辆购置额的_____左右。自购车之日起_____日内必须申报缴纳车辆购置税，超过期限再申报缴纳的要加收滞纳税款_____的滞纳金。

2. 某汽车的 VIN 为 LJ8H2C5S890900387，这辆车大约是_____年生产的，车牌为蓝底白字表示_____。

3. 二手车交易的证件核查包括核查_____(写出 3 个以上)。

4. 机动车来历凭证分_____凭证和_____凭证。二手车的税费缴纳凭证有_____ (写出 3 个以上)。

5. 《机动车交通事故责任强制保险条例》规定，机动车在道路交通事故中有责任的赔偿限额：死亡伤残赔偿限额为_____元，医疗费用赔偿限额为_____元。

6. 交强险的有效期为_____，家庭自用汽车 6 座以下的交强险基本保费为_____元，机动车交强险和_____是主险。

7. 二手车交易证件不包括(　　)。

A. 购车发票　　B. 机动车行驶证　　C. 机动车牌照　　D. 驾驶证

8. 车辆购置税征收标准一般是车辆计税价的(　　)。

A. 10%　　B. 20%　　C. 30%　　D. 40%

9. 华侨、港澳同胞捐赠免税进口的汽车(　　)。

A. 可以转让　　B. 可以抵债　　C. 可以转卖　　D. 不准转卖

10. 对依法没收的走私汽车，其"初次登记日"一律按(　　)登记。

A. 没收年份　　　　　　　　B. 初次登记年份

C. 购买年份　　　　　　　　D. 出厂年份

11. 国家对公安、司法、检察部门有特殊装置专用车辆免征车辆购置税，系列车辆有(　　)。

A. 囚车、警犬运载车、消防车　　B. 消防车、囚车、防汛指挥车

C. 现场电视转播车、通信车　　　D. 以上都是免征车辆购置税车辆

12. 按照现行的税法，机动车产品负担的税收主要包括(　　)。

A. 教育附加费　　　　　　　B. 消费税、城建税

C. 增值税、车船税　　　　　D. 以上均是

二、操作训练

1. 如何进行机动车行驶证的识伪？

2. 如何进行机动车登记证书的识伪？

3. 如何查验机动车号牌？

4. 王先生接到某二手车评估的任务，没有对车辆是否为可交易车辆进行辨别而是直接对车辆做了详细的静态和动态检查，并根据鉴定结果出具了评估报告。车主接受评估价格，有意向交易，准备过户时发现该车机动车登记证书还在银行抵押着，根本就是一辆不允许交易的车！

根据以上资料，请问：

(1) 此案例出现的问题责任在哪？

(2) 此案例对你有什么启示? 工作中如何避免类似问题发生?

5. 结合你在学习、工作和生活中的亲身经历, 论证严谨、细致的重要性。

三、检查与评估

1. 根据自己完成任务的情况, 进行自我评估, 并提出改进意见。

2. 教师对学生任务完成情况进行检查、评估、点评。

学习情境 3　二手车现场鉴定

 情境导入

二手车评估师小陈通过渠道获得一辆待交易的奥迪 Q5 信息，Q5 是市面上交易价格较稳定而且易出手的车型，所以小陈希望自己是个捡漏王，将这辆 Q5 收了。但小陈对这辆奥迪 Q5 进行收车前评估时，却发现这是一辆事故车。

分析：

评估人员怎样才能对评估对象的技术状况做出精确的鉴定，以保护客户、公司及自身的利益呢？让我们一起来学习公证鉴定二手车的相关知识。

(1) 法律法规要求。二手车鉴定评估行为必须符合国家法律、法规，必须遵循国家对机动车户籍管理、报废标准、税费征收等政策要求，这是开展二手车鉴定评估的前提。一个人如果不了解其工作所涉及的法律知识，就很有可能在工作过程中触犯法律，做出违法乱纪的事。第一个建议：二手车评估师应该熟悉、掌握与二手车相关的法律知识，法律法规了然于心，并做到与时俱进，依法评估，拒绝做违法、违反程序的事。法律法规要不断讲，反复讲，深刻印在评估人员的大脑中，懂法守法是一根永远绷紧的弦。

(2) 车辆技术状况鉴定。二手车技术状况的鉴定是二手车鉴定评估工作的基础与关键。其鉴定方法主要有静态检查和动态检查等，依据评估人员的技能和经验对被评估车辆进行直观、定性判断，即初步判断评估车辆的运行情况是否正常、车辆各部分有无故障及故障的可能原因、车辆各总成及部件的新旧程度等。第二个建议：二手车评估师应该熟练掌握汽车的相关知识，包括车况、钣金喷漆辨别、机修基础等，能熟练辨别泡水车、调表车、事故车等，对车辆的技术状况有精准的辨别和评估。

(3) 素养养成要求。合理估价的基础是扎实的专业技能与严谨公正的工作作风。二手车评估师应具备快速、全面地了解二手车的技术状况，对车辆的合法性作出判断、识别事故车的能力。要成为二手车领域专家级的评估师，还需要发扬工匠精神。第三个建议：评估师应该对二手车评估工作流程、环节的理解与认知有一定的高度，明白细节的重要、严谨的可贵，要有刨根问底和执着的工作态度，工作中要做到爱岗敬业，以确保二手车评估结果的公平公正。

 学习目标

✦ **专业能力目标：**

- 了解二手车技术状况鉴定的概念。

- 熟悉二手车静态检查的内容和方法。
- 了解汽车的主要参数和性能指标，熟悉二手车动态检查的内容和方法。
- 掌握二手车仪器检测的主要指标和相关国家标准。
- 掌握通过静态检查确定二手车技术状况的能力。
- 掌握通过动态检查确定二手车技术状况的能力。
- 掌握通过仪器检测确定二手车技术状况的能力。
- 具备独立完成鉴定二手车技术状况的能力。

✦ 社会能力目标：

- 培养良好沟通的能力，能与人进行有效的沟通。
- 培养良好的团队合作能力，有团队合作精神。

✦ 思政目标：

- 能自觉遵守二手车行业的职业道德规范和职业行为规范。
- 养成严谨、细致、公正、务实的工作作风。
- 培养精益求精的工匠精神。

 专业知识

天语 SX4 汽车鉴定
——工匠精神

一、二手车技术状况鉴定的概念

车辆在使用过程中，随着行驶里程数的增加，有些零部件将会产生松动、磨损、腐蚀、疲劳、变形、老化等不同程度的损伤和损坏，使其动力性下降，经济性变差，工作可靠性下降，同时会相继出现种种症状，如车身不正，油漆剥落、锈蚀、漏水、漏油、漏气等外观症状，还有加速不行、油耗上升等动态症状。

二手车技术状况的鉴定是二手车鉴定评估工作的基础与关键。其鉴定方法主要有静态检查、动态检查和仪器检测三种。其中，静态检查和动态检查是依据评估人员的技能和经验对被评估车辆进行直观、定性的判断，即初步判断评估车辆的运行情况是否正常、车辆各部分有无故障及故障的可能原因、车辆各总成及零部件的新旧程度等；仪器检测是对评估车辆的各项技术性能和各总成及零部件技术状况进行定量、客观的评估，是进行二手车技术等级划分的依据，在实际工作中视评估目的和实际情况而定。

二、二手车静态检查的内容

二手车静态检查是指汽车在静止状况下，根据评估人员的技能和经验，辅以简单的工具/量具，对二手车的技术状况进行检查鉴定。

静态检查的目的是快速了解二手车的大概技术状况。通过检查，发现车辆一些较大的缺陷，如严重碰撞、车身或车架锈蚀或有结构性损坏，发动机或传动系统严重磨损，车厢内部设施不良，损坏维修费用较大等，为其价值评估提供依据。

二手车静态检查主要包括识伪检查和外观检查两大部分。其中，识伪检查主要包括鉴别走私车辆、拼装车辆和盗抢车辆等内容；外观检查包括检查发动机舱、检查车舱、检查行李箱、检查车底、鉴别事故车辆等内容。

(一) 静态检查所需的工具和用品

为了二手车检查时能够得心应手，在检查之前，应该先准备一些工具和用品。需要准备的工具和用品列举如下：

(1) 一个笔记本和一支笔。用来记录看到、听到和闻到的异常情况，以及需要让鉴定评估师进一步检测和考虑的内容。

(2) 一个手电筒。用来照亮发动机舱或汽车下面视线不好的地方。

(3) 一些毛巾或纸巾。用来擦手或擦干净将要检查的零部件。

(4) 一截 300～400 mm 的清洁橡皮管或塑料管。当作"听诊器"，用于倾听发动机或其他不可见地方是否有不正常的噪声。

(5) 一个卷尺或直尺。用于测量车轮、罩之间的距离等。

(6) 一个工具箱。包括成套套筒棘轮扳手、火花塞筒扳手、各种旋具、尖嘴钳子和轮胎撬棒等常规工具。

(7) 一只万用表。用来进行辅助电气测试。

(二) 静态检查的识伪检查

在二手车交易市场不可避免地会出现一些走私车辆、拼装车辆、盗抢车辆，如何界定这部分车辆是一项十分重要而又艰难的工作。它必须凭借技术人员所掌握的专业知识和丰富经验，结合有关部门的信息材料，对评估车辆进行全面细致的鉴别，从而促使二手车交易规范、有序地进行。

1. 鉴别走私和拼装车辆

走私车辆是指没有通过国家正常进口渠道进口的，未完税的进口车辆。

拼装车辆是指一些不法厂商和不法商人为了牟取暴利，非法组织生产、拼装的无产品合格证的冒牌、低劣汽车。

2. 鉴别盗抢车辆

盗抢车辆一般是指在公安部门已登记上牌的，在使用期内丢失的或被不法分子盗窃的车辆，盗抢车辆一般在公安部门已报案。

(三) 静态检查的外观检查

在进行二手车外观检查之前，先进行外部清洁。外观检查最好是在设有检测地沟或汽车举升器的工位上进行。外观检查项目基本上分为两大类：一类仅作定性的检查，一般是目测检查；另一类作定量的检查，一般采用简单工具/量具进行客观检查。

1. 检查发动机舱

1) 检查发动机舱清洁情况

打开发动机罩，观察发动机表面是否洁净，是否有油污，是否有锈蚀，是否有零部件损坏或遗失，导线、真空管是否松动。

如果发动机上堆满灰尘，说明该车的日常维护不够；如果发动机表面特别干净，也可能是车主在此前对发动机进行了特别的清洗，也不能由此断定车辆状况一定很好。

为了使汽车能够更快出售，且卖个好价钱，有的车主对发动机舱进行了专业蒸汽清洁，这并不意味着车主想隐瞒别的什么情况。

2) 检查发动机冷却系统

(1) 检查冷却液。冷却液应清洁，且冷却液面在上下刻线标记之间。冷却液颜色应该是浅绿色(有些冷却液是红色的)，并有点甜味。如果冷却液闻起来有汽油味或机油味，表明发动机气缸垫可能已经被烧坏。如果冷却液中有悬浮的残渣或储液罐底部有黑色的物质，表明发动机可能被严重烧坏。

(2) 检查散热器。全面仔细地检查散热器水室和散热器芯，查看是不是有褪色或潮湿区域。当看到散热器芯区域呈现浅绿色(腐蚀产生的硫酸铜)，说明此区域有针孔泄漏。另外，要特别查看水室底部，如果湿了，应设法找出冷却液泄漏处。

待发动机充分冷却后，拆下散热器盖，观察散热器盖上的腐蚀和橡胶密封垫片的情况，散热器盖上应该没有锈迹。将手指尽可能伸进散热器颈部，检查是否有锈斑，有锈斑则说明没有定期更换冷却液。

(3) 检查散热器风扇传动带。使用手电筒，仔细检查传动带的外部，查看是否有裂纹或传动带层面脱落现象。传动带的作用区域是带轮接触的部分，所以要仔细检查传动带的内侧。

(4) 检查冷却风扇。检查冷却风扇是否变形或损坏，若变形或损坏，其排风量会相应减少，这会影响发动机的冷却效果，使发动机温度升高，此时需要更换冷却风扇。

3) 检查发动机润滑系统

若发动机润滑系统不良，将严重影响发动机的使用寿命，应仔细检查机油(质量、气味、液位)、机油泄漏情况、机油滤清器状况等。

4) 检查点火系统

点火系统工作性能的好坏直接影响发动机的动力性和经济性，对点火系统的外观检查主要是检查蓄电池、火花塞等零部件的外观性能。

(1) 检查蓄电池。检查标牌，看蓄电池是不是原装。检查蓄电池的表面是否清洁。检查蓄电池压紧装置是否完整，是否为原装部件，如果压紧装置遗失则必须安装一个"万能"压紧装置。

(2) 检查火花塞。若火花塞电极呈现灰白色，而且没有积碳，则表明火花塞工作正常；若火花塞严重积碳、电极严重烧蚀、绝缘体破裂，均会使点火性能下降，造成发动机动力不足，则需要更换火花塞。火花塞更换需要成组更换，费用较高。

5) 检查发动机供油系统

(1) 检查燃油泄漏。检查进气软管上是否有残留的燃油污迹，仔细观察通向燃油喷射装置的燃油管和软管。对于所有车型，必须重视发动机罩下的燃油气味或汽车在行驶中的燃油气味。

(2) 检查燃油管路。发动机供油系统有进气管路和回油管路，检查油管是否老化。

(3) 检查燃油滤清器。燃油滤清器一般在汽车行驶 5 万公里左右更换，如果这辆车的燃油滤清器看起来和底盘的其他零部件一样脏污，可能就没有更换过。

6) 检查发动机进气系统

(1) 检查进气软管。检查进气软管是否老化变形、变硬、损坏或烧坏，这些现象表明需要更换软管。如果软管比较光亮，可能喷过防护剂喷射液，应仔细检查，以防必须更换的零部件不能被检查出。

(2) 检查真空软管。用手挤压真空软管，检查软管是否老化变形、损坏或破裂。在检查软管的同时，应注意软管管路的布置。查看软管是否为出厂时那样整齐排列，是否有软管从零件上明显拔出、堵住或夹断。这些检查能判断软管是否被人动过，或是否隐瞒了某些不能工作的系统或零部件。

(3) 检查空气滤清器。观察其是否清洁，若脏污，说明该车可能经常在灰尘较多的地方行驶，且保养差、车况较差。

(4) 检查节气门拉线。检查拉线是否存在阻滞、毛刺等现象。

7) 检查机体附件

(1) 检查发动机支脚。检查减振垫是否有裂纹，如有损坏，则发动机振动较大，使用寿命会急剧下降，更换发动机支脚的费用较高。

(2) 检查同步齿形带。一般来说，同步齿形带噪声小且不需要润滑，通常车辆行驶 10 万公里左右时，必须更换同步齿形带。

(3) 检查发动机各种带传动附件的支架和调整装置。检查支架和调整装置是否有松动、螺栓是否有丢失或有裂纹等现象。支架断裂或松动可能引起风扇、动力转向泵、水泵、交流发电机和空调压缩机等附件运转失调，甚至造成损坏。

8) 检查发动机舱内其他部件

检查制动主缸及制动液，检查离合器液压操纵机构，检查保险丝盒，检查发动机线束等。

2. 检查车辆内饰

(1) 检查驾驶操纵机构。检查方向盘、加速踏板、制动踏板、离合器踏板、驻车制动操纵杆、变速器操纵杆是否完好，能否正常工作。

检查车辆内饰

(2) 检查开关。检查点火开关、转向灯开关、车灯总开关、变光开关、刮水器开关、电喇叭开关等检查是否完好，能否正常工作。

(3) 检查仪表。检查车速里程表、燃油表、机油压力表、水温表等仪表能否正常工作，有无缺失损坏。

(4) 检查指示灯或警报灯。检查制动警报灯、机油压力警报灯、充电指示灯、远光指示灯、转向指示灯、燃油指示灯、驻车制动指示灯等能否正常工作。

(5) 检查座椅套。检查座椅套是否有撕裂或有油迹等情况，座椅前后移动是否灵活，能否固定等。

(6) 检查地毯和地板。抬起车内的地板垫或地毯，检查是否有霉味，是否有泡过水或污染的痕迹。

(7) 检查杂物箱和托架。寻找是否有旧单据或保养维修记录，若有，可以说明汽车过去的一些事情。

(8) 检查电器设备。检查刮水器和前窗玻璃洗涤器、电动车窗、电动外后视镜、电动门锁、点烟器、音响和收音机、电动天线、电动天窗、活顶、除雾器、防盗报警器、空调、电动座椅等能否正常工作，有无缺失或损坏。

3. 检查后备箱

(1) 检查后备箱锁。观察后备厢锁有无损伤。

检查后备箱

(2) 检查后备箱开关拉索或电动开关。有些汽车在乘客舱内部有后备箱开关拉索或电动开关。应确保其能工作，能不费劲地打开后备箱或箱盖。

(3) 检查防水密封条。后备箱防水密封条对行李箱内部储物和地板车身的防护十分重要。应仔细检查防水密封条有无划痕、损坏脱落。

(4) 检查内部的油漆与外部油漆是否一致。打开后备箱，对内部进行近距离全面检查，检查油漆是否相配。查看后备箱盖金属构件、地板垫、线路或尾灯等这些地方是否喷漆过多。

(5) 检查备用轮胎。如果是行驶里程较短的汽车，其备用胎与原车轮胎质量相符，而不是废品回收站花纹几乎磨光的轮胎。

(6) 检查随车工具。设法找到出厂时原装的千斤顶、千斤顶手柄和轮毂盖/带耳螺母拆卸工具。

(7) 检查门控灯。后备箱上有一门控灯，当后备箱打开时门控灯应该亮，否则门控灯或门控灯开关损坏。

(8) 检查后备箱盖的对中性和密闭质量。轻轻按下后备箱盖，不用很大力气就能关上。后备箱关闭后，后备箱盖与车身其他部位的缝隙应均匀，不能有明显的偏斜现象。

4. 检查汽车底盘

(1) 检查泄漏。检查冷却液、机油、动力转向油、变速箱油、制动液、排气等是否泄漏。

(2) 检查排气系统。观察排气系统上所有的吊架，是否都在原来位置并且是原装件。检查排气系统零部件是否标准，排气尾管是否更换过，同时要确保它们远离制动管。

(3) 检查前后悬架。检查减振弹簧、减振器、稳定杆等。

(4) 检查转向机构。汽车转向机构性能的好坏对汽车行驶稳定性有很大的影响，检查转向系统除了检查转向盘自由行程之外，还应仔细检查以下几项：

① 检查转向盘与转向轴的连接部位是否松动，转向器垂臂轴与垂臂连接部位是否松动、纵、横拉杆球头连接部位是否松动，纵、横拉杆臂与转向节连接部位是否松动，转向节与主销之间是否松动。

② 检查转向节与主销之间是否配合过紧或缺润滑油，纵、横拉杆球头连接部位是否调整过紧或缺润滑油，转向器是否无润滑油或缺润滑油。

③ 检查转向轴是否弯曲，其套管是否凹瘪。

④ 对于动力转向系统，还应该检查动力转向泵驱动带是否松动，转向泵安装螺栓是否松动，动力转向系统油管及管接头处是否存在损伤或松动等。

(5) 检查传动轴。对于后轮驱动的汽车，检查传动轴、中心轴及万向节等处有无裂纹和松动，传动轴是否弯曲、传动轴轴管是否凹陷，万向节轴承是否因磨损而松动，万向节凸缘盘连接螺栓是否松动等；对于前轮驱动的汽车，要密切注意等速万向节上的橡胶套。

(6) 检查车轮。检查轮毂轴承是否松动，检查胎面的磨损情况。

三、二手车动态检查的内容

车辆的有些故障不能通过静态检查发现，动态检查可以更加准确地评估车辆的现时技术状况，对公正、科学确定委托车辆的成新率，全面评估车辆价格非常必要。

二手车动态检查是指车辆的路试检查。路试在于一定条件下，通过机动车各种工况，如发动机的起动、怠速、起步、加速、匀速、滑行、强制减速、紧急制动，从低速挡到高速挡，从高速挡到低速挡的行驶，检查汽车的操纵性能、制动性能、滑行性能、加速性能、噪声和废气排放情况，以鉴定二手车的技术状况。

(一) 汽车主要技术参数

1. 汽车的质量参数

1) 整车整备质量

整车整备质量是指汽车全装备好时的质量，包括燃油(燃油箱至少要加注至制造厂家设计容量的 90%)、润滑剂、冷却液、备胎、灭火器、标准备件、标准工具箱等。

2) 最大装载质量

最大装载质量是指汽车在硬质良好的路面上行驶时的额定装载质量。最大装载质量又分为最大设计装载质量和最大允许装载质量。当汽车在碎石路面上行驶时，最大装载质量应有所减少(约为良好路面时的 75%～80%)。轿车的装载质量用座位数表示，城市客车的装载质量以座位数与站立乘客数之和表示。

3) 最大总质量

最大总质量是指汽车满载时的总质量，等于整车装备质量与最大装载质量之和。最大总质量又分为最大设计总质量和最大允许总质量。最大设计总质量是指汽车制造厂家规定的最大汽车总质量，最大允许总质量是指行政主管部门根据道路运行条件规定的允许运行的最大汽车总质量，最大允许总质量一般比最大设计总质量稍小。

4) 最大轴荷质量

最大轴荷质量是指汽车在满载时各车轴所承受的最大垂直载荷质量。最大轴荷质量又分为最大设计轴荷质量和最大允许轴荷质量，最大允许轴荷质量一般比最大设计轴荷质量稍小。单个车轴的最大轴荷质量除应满足轴荷分配的技术要求外，还应遵循国家对公路运输车辆及其总质量的法规限制。轴荷分配不当，会导致各轴车轮轮胎磨损不均匀，对汽车的操纵稳定性产生不利影响。

2. 汽车的尺寸参数

汽车的尺寸参数如图 3-1 所示。

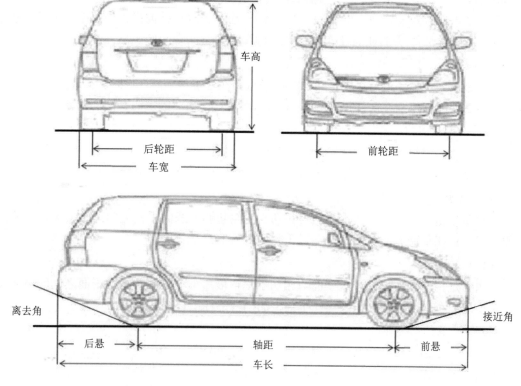

图 3-1 汽车尺寸参数

1) 车长

车长是指垂直于车辆纵向对称平面，并分别抵靠在汽车前、后最外端突出部位的两个垂面之间的距离。

2) 车宽

车宽是指平行于车辆纵向对称平面，并分别抵靠车辆两侧固定突出部位(除后视镜、侧面标志灯、转向指示灯、挠性挡泥板、折叠式踏板、防滑链及轮胎与地面接触部分的变形外)的两个平面之间的距离。

3) 车高

车高是指车辆在没有装载且处于可运行状态时，车辆支撑平面与车辆最高突出部位相抵靠的水平面之间的距离。

4) 轴距

轴距是指通过车辆同一侧相邻两车轮的中心，并垂直于车辆纵向对称平面的两垂线之间的距离。对于三轴以上的车辆，其轴距由从最前面至最后面的相邻两车轮之间的轴距分别表示，总轴距则为各轴距之和。

5) 轮距

汽车车轴的两端为单车轮时，轮距为车轮在车辆支撑平面上留下的轨迹中心线之间的距离。汽车车轴的两端为双车轮时，轮距为车轮中心平面(双轮车的车轮中心平面为外车轮轮毂内缘和内车轮轮毂外缘等距的平面)之间的距离。

6) 前悬

前悬是指通过两前轮中心的垂面与抵靠在车辆最前端(包括前拖钩、车牌及任何固定在车辆前部的刚性部件)并且垂直于车辆纵向对称平面的垂面之间的距离。

7) 后悬

后悬是指通过车辆最后车轮轴线的垂面与抵靠在车辆最后端(包括牵引装置、车牌及固定在车辆后部的任何刚性部件)并且垂直于车辆纵向对称平面的垂面之间的距离。

8) 最小离地间隙

最小离地间隙是指车辆支撑平面与车辆中间区域内最低点之间的距离。中间区域为平行于车辆纵向对称平面且与其等距离的两平面之间所包含的部分。

9) 接近角

接近角是指车辆静载时,水平面与相切于前轮轮胎外缘的平面之间的最大夹角。前轴前面任何固定在车辆上的刚性部件不得在此平面的下方。

10) 离去角

离去角是指车辆静载时,水平面与相切于车辆最后车轮轮胎外缘的平面之间的最大夹角。位于最后车轴后面的任何固定在车辆上的刚性部件不得在此平面的下方。

11) 转弯直径

转弯直径是指当转向盘转到极限位置时,内、外转向轮的中心平面在车辆支撑平面上的轨迹圆直径。由于转向轮的左右极限转角一般不相等,故有左转弯直径与右转弯直径的区别。

12) 车轮数和驱动轮数

车轮数和驱动轮数反映汽车的牵引或越野能力。一般来说,车轮总数越多,驱动轮越多,汽车的牵引或越野能力就越强。

(二) 发动机性能评估

1. 发动机启动性能检查

启动发动机,观察发动机启动是否顺利;启动成功后观察发动机怠速是否平稳,是否有异响;发动机加速时聆听转速情况,包括发动机运转是否轻快、连续、平稳,有无杂音、异响;连续加速后观察发动机怠速是否仍然稳定等。

2. 发动机气缸磨损检查

通过目测检查发动机曲轴箱排气量,或用曲轴箱窜气量测量仪检查曲轴箱排气量,或用气缸压力表检查气缸压力,均可以确定发动机技术状况是否良好。如果上述检查均低于标准,将影响发动机的动力性和经济性,进而大大影响车辆的价格;而气缸压力过低、曲轴箱排气量过大,往往是由于发动机气缸磨损过度造成的。气缸磨损过度的发动机,其维修工时较长、费用较大,因此在车辆评估核价时,应当重点考虑。

3. 发动机常见异响检查

造成发动机异响的原因比较复杂,部分异响的维修费用较大,如曲轴主轴承异响,二

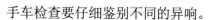

手车检查要仔细鉴别不同的异响。

发动机的常见异响主要有曲轴主轴承异响、连杆轴承异响、活塞销异响、活塞敲缸异响、气门异响、气缸漏气异响、同步齿形带异响、汽油机点火敲击异响等。

(三) 整车性能评估

随着汽车行驶里程的增加，汽车的动力性会降低，耗油量会增加，制动性能会下降，四轮定位会失准等。二手车动态路试就是要准确判断汽车的动力性、经济性、制动性以及操纵稳定性等，以准确评估二手车价格。二手车动态路试包括以下内容。

1. 动力性评价

汽车的动力性是指汽车在良好路面上直线行驶时，由汽车受到的纵向外力决定的、所能达到的平均行驶速度。它表示汽车以最大可能的平均行驶速度运送货物或乘客的能力。汽车的动力性是各种性能中最重要、最基本的性能。

2. 经济性评价

汽车的经济性是指汽车以最低的消耗费用完成运输工作的能力。通常用单位行驶里程的燃料消耗量、单位运输工作量的燃料消耗量或消耗单位量的燃料所行驶的里程来评价汽车的经济性。

在实际评估中，耗油量检查以路试为主，检车线检查法因操作复杂、时间长等原因在车辆综合性能检查时进行。

3. 制动性评价

汽车的制动性是指汽车在行驶中，强制地降低车速以至停车并维持方向稳定的能力，以及下长坡时维持一定车速的能力。制动性能评价指标有制动效能、制动效能恒定性和方向稳定性。

在实际评估中，以路试检查法为主，检车线检查法一般在车辆安检时进行。路试检查汽车的制动性能是较为危险的工作，要选择平坦、宽阔的路面，在车辆和行人稀少时进行。

4. 操纵稳定性评价

汽车的操纵性和稳定性紧密相关，稳定性的好坏直接影响操纵性的好坏，通常将两者统称为操纵稳定性。操纵性是指汽车确切地响应驾驶人操纵指令的能力，稳定性是指汽车抵抗外界干扰而保持稳定行驶的能力。评价指标有汽车的极限稳定性、侧向极限稳定性、转向操纵稳定性及操纵轻便性。

四、二手车仪器检测的主要指标

(一) 汽车性能检测的主要指标与仪器设备

对二手车进行综合检测，需要检测车辆的动力性、经济性、转向操纵性、排放污染、噪声等整车性能指标，以及发动机、底盘、电器电子等各部件的技术状况。汽车主要检测内容及对应采用的仪器设备见表3-1。

表 3-1　车辆性能检测的指标与仪器设备

检 测 项 目			检测仪器设备
整车性能	动力性	底盘输出功率	底盘测功机
		汽车直接加速时间	底盘测功机(装有模拟质量)
		滑行性能	底盘测功机
	燃料经济性	等速百公里油耗	底盘测功机、油耗仪
	制动性	制动力	制动检测台、轮重仪
		制动力平衡	制动检测台、轮重仪
		制动协调时间	制动检测台、轮重仪
		车轮阻滞力	制动检测台、轮重仪
		驻车制动力	制动检测台、轮重仪
	转向操纵性	转向轮横向侧滑量	侧滑检验台
		转向盘最大自由转动量	转向力—转向角检测仪
		转向操纵力	转向力—转向角检测仪
		悬架特性	底盘测功机
	前照灯	发光强度	前照明灯检测仪
		光束照射位置	前照明灯检测仪
	排放污染物	汽油车怠速污染物排放	废气分析仪
		汽油车双怠速污染物排放	废气分析仪
		柴油车排气可污染物	不透光仪
		柴油车排气自由加速烟度	烟度计
	喇叭声级		声级仪
	车辆防雨密封性		淋雨试验台
	车辆表示值误差		车速表试验台
发动机部分	发动机功率		无负荷测功仪、发动机综合测试仪
	气缸密封性	气缸压力	气缸压力表
		曲轴箱窜气量	曲轴窜气量检测仪
		气缸漏气率	气缸漏气率检测仪
		进气管真空度	真空表
	起动系	起动电流、蓄电池起动电压、起动转速	发动机综合测试仪、汽车电器万能测试台

续表

检 测 项 目			检测仪器设备
发动机部分	点火系	点火波形、点火提前角	专用示波器、发动机综合测试仪
	燃油系	燃油压力	燃油压力表
	润滑系	机油压力、润滑油品质	机油压力表、机油品质检测仪
		异响	发动机异响诊断仪
底盘部分		离合器打滑	离合器打滑测定仪
		传动系游动角度	游动角度检验仪
行驶系		车轮定位	四轮定位仪
		车轮不平衡	车轮平衡仪
空调系统		系统压力	空调压力表
		空调密封性	卤素检漏灯
电子设备			微机故障检测仪

(二) 车速表的检测标准及检测方法

1. 车速表的检测标准

汽车行驶速度对交通安全有很大影响，尤其在限速路段，驾驶员必须按照车速表的指示值，准确地控制车速，为此要求车速表本身一定要准确可靠。车速表经过长期使用，由于驱动其工作的传动齿轮、软轴及车速表本身技术状况的变化以及因轮胎磨损使驱动车轮滚动半径的变化，车速表指示误差会愈来愈大。如果车速表的指示误差过大，驾驶员就难以准确控制车速，且极易因判断失误而造成交通事故。为确保车速表的指示准确，必须适时对车速表进行检测、校正。

《机动车运行安全技术条件》(GB 7258—2017)中规定了车速表指示误差(最大设计车速不大于 40 km/h 的机动车除外)，车速表指示车速 v_1(km/h)与实际车速 v_2(km/h)之间应符合下列关系式：

$$0 \leqslant v_1 - v_2 \leqslant \frac{v_2}{10} + 4$$

2. 车速表试验台的结构

车速表试验台有三种类型：① 无驱动装置的标准型，它依靠被测车轮带动滚筒旋转；② 有驱动装置的驱动型，它由电动机驱动滚筒旋转；③ 把车速表试验台与制动检测台或底盘测功机组合在一起的综合型。下面以驱动型为例进行说明。

1) 驱动型车速表试验台

汽车车速表的转速信号多数取自变速器或分动器的输出端，但对于后置发动机的汽车，如车速表软轴过长，会出现传动精度和寿命方面的问题，因此转速信号取自前轮。驱动型车速表试验台就是为适应后置发动机汽车的试验而制造的，其结构如图 3-2 所示。这种试验台在滚筒的一端装有电动机，由它来驱动滚筒旋转。此外，这种试验台在滚筒与电动机之间装有离合器，若试验时将离合器分离，又可作为标准型试验台使用。

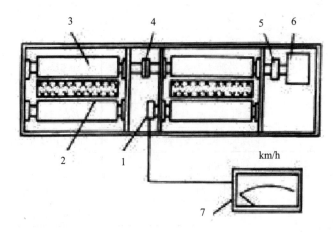

1—测速发电机；2—举升器；3—滚筒；4—联轴器；

5—离合器；6—电动机；7—速度指示仪表。

图 3-2　驱动型车速表试验台

2) **车速表误差的测量原理**

车速表误差的测量需采用滚筒式车速表试验台进行，将被测汽车车轮置于滚筒上旋转，模拟汽车在道路上的行驶状态。

测量时，由被测车轮驱动滚筒旋转或由滚筒驱动车轮旋转，滚筒端部装有速度传感器(测速发电机)，测速发电机的转速随滚筒转速的增高而增加，而滚筒的转速与车速成正比，因此测速发电机发出的电压也与车速成正比。

滚筒的线速度、圆周长与转速之间的关系，可用下式表示：

$$v = nL \times 60 \times 10^{-6}$$

式中，v——滚筒的线速度，单位为 km/h；L——滚筒的圆周长，单位为 mm；n——滚筒的转速，单位为 r/min。

因车轮的线速度与滚筒的线速度相等，故上述的计算值即为汽车的实际车速值，由车速表试验台上的速度指示仪表显示，称为试验台指示值。

车轮在滚筒上转动的同时，汽车驾驶室内的车速表也在显示车速值，称为车速表指示值。由试验台指示值与车速表指示值即可得出车速表的指示误差，可表示为

$$车速表指示误差 = \frac{车速表指示值 - 试验台指示值}{试验台指示值} \times 100\%$$

3. 车速表的检测方法

车速表的检测方法因试验台的牌号、形式而异，应根据使用说明书进行操作。车速表试验台通用的检测方法如下：

1) 车速表试验台的准备

(1) 在滚筒处于静止状态检查指示仪表是否在零点上，否则应调零。

(2) 检查滚筒上是否沾有油、水、泥、沙等杂物，如有，应清除干净。

(3) 检查举升器的升降动作是否自如，若动作阻滞或有漏气部位，应先修理。

(4) 检查导线的连接接触情况，若有接触不良或断路，应先修理或更换。

2) 被测车辆的准备

(1) 轮胎气压在标准值。

(2) 清除轮胎上的水、油、泥和嵌夹石子。

3) 检测方法

(1) 接通试验台电源。

(2) 升起滚筒间的举升器。

(3) 将被检车辆开上试验台，使输出车速信号的车轮尽可能与滚筒呈垂直状态地停放在试验台上。

(4) 降下滚筒间的举升器，至轮胎与举升器托板完全脱离为止。

(5) 用挡块抵住位于试验台滚筒之外的一对车轮，防止汽车在测试时滑出试验台。

(6) 接合试验台离合器，使滚筒与电动机连在一起。将汽车的变速器挂入空挡，松开驻车制动，启动电动机，使电动机驱动滚筒旋转。当汽车车速表的指示值达到检测车速时，读取试验台速度指示仪表的指示值；或当试验台速度指示仪表达到检测车速时，读取汽车车速表的指示值。

(7) 测试结束后，轻轻踩下汽车制动踏板，使滚筒停止转动。对于驱动型试验台，必须先关断电动机电源，再踩制动踏板。

(8) 升起举升器，去掉挡块，汽车驶离试验台。

4. 车速表检测结果分析

按照 GB 7258—2017 的规定，车速表指示车速 v_1(km/h)与实际车速 v_2(km/h)之间应符合下列关系式：

$$0 \leqslant v_1 - v_2 \leqslant \frac{v_2}{10} + 4$$

即当实际车速为 40 km/h 时，汽车车速表指示值应为 40～48 km/h，超出该范围则表明车速表的指示为不合格。

(三) 前照灯的检测标准

汽车前照灯检测是汽车安全性能检测的重要项目，前照灯诊断的主要参数是远光光束发光强度和光束照射位置。当发光强度不足或光束照射位置偏斜时，会造成夜间行车驾驶员视线不清，或使迎面来车的驾驶员眩目，这会极大地影响行车安全。所以，应定期对前照灯的发光强度和光束照射位置进行检测、校正。

《机动车运行安全技术条件》(GB 7258—2017)规定，机动车每只前照灯的远光光束发光强度应达到表 3-2 所示的要求；并且，同时打开所有前照灯(远光)时，其总的远光光束发光强度应符合 GB 4785 的规定。测试时，电源系统应处于充电状态。

表 3-2　前照灯远光光束发光强度的最小值要求　　　　　　单位：cd

机动车类型		检查项目					
		新注册车			在用车		
		一灯制	二灯制	四灯制 a	一灯制	二灯制	四灯制 a
三轮汽车		8 000	6 000	—	6 000	5 000	—
最大设计车速小于 70 km/h 的汽车		—	10 000	8 000	—	8 000	6 000
其他汽车		—	18 000	15 000	—	15 000	12 000
普通摩托车		10 000	8 000	—	8 000	6 000	—
轻便摩托车		4 000	3 000	—	3 000	2 500	—
拖拉机	标定功率>18 kW	—	8 000		—	6 000	
运输机组	标定功率≤18 kW	6 000 b	6 000		5 000 b	5 000	

注：a　四灯制是指前照灯具有四个远光光束；采用四灯制的机动车其中两只对称的灯达到两灯制的要求时视为合格。

b　允许手扶拖拉机运输机组只装用一只前照灯。

(四) 汽车制动性能的检测标准

汽车制动性能检测分路试检验制动性能、台试检验制动性能两种方法。下面以路试检验制动性能为例进行说明。

1. 基本要求

(1) 机动车行车制动性能和应急制动性能检验应在平坦、硬实、清洁、干燥且轮胎与地面间的附着系数大于等于 0.7 的混凝土或沥青路面上进行。

(2) 检验时，发动机应与传动系统脱开，但对于采用自动变速器的机动车，其变速器换挡装置应位于驱动挡("D"挡)。

2. 用制动距离检验行车制动性能

机动车在规定的初速度下，制动距离和制动稳定性要求应符合表 3-3 所示的规定。对空载检验的制动距离有质疑时，可用表 3-3 所示规定的满载检验制动距离要求进行检测。

表 3-3　制动距离和制动稳定性的要求

机动车类型	制动初速度/ (km·h⁻¹)	满载检验制动 距离要求/m	空载检验制动 距离要求/m	试验通道宽度/m
三轮汽车	20	≤5.0		2.5
乘用车	50	≤20.0	≤19.0	2.5
总质量小于等于 3 500 kg 的低速货车	30	≤9.0	≤8.0	2.5
其他总质量小于等于 3 500 kg 的汽车	50	≤22.0	≤21.0	2.5
其他汽车、乘用车列车	30	≤10.0	≤9.0	3.0

制动距离是指机动车在规定的初速度下紧急制动时，从脚接触制动踏板(或手触动制动

手柄)时至机动车停住时机动车驶过的距离。

制动稳定性要求是指制动过程中机动车的任何部位(不计入车宽的部位除外)不超出规定宽度的试验通道的边缘线。

3. 驻车制动性能

在空载状态下,驻车制动装置应能保证机动车在坡度为 20%(对总质量为整备质量的 1.2 倍以下的机动车为 15%)、轮胎与路面间的附着系数大于等于 0.7 的坡道上正、反两个方向保持固定不动,时间应大于等于 2 min。检验汽车列车时,应使牵引车和挂车的驻车制动装置均起作用。

检验时施加于操纵装置上的力:手操纵时,乘用车不应大于 400 N,其他机动车不应大于 600 N;脚操纵时,乘用车不应大于 500 N,其他机动车不应大于 700 N。

(五) 汽车排放污染物的检测标准

汽油车排放污染物执行标准为《汽油车污染物排放限值及测量方法(双怠速法及简易工况法)》(GB 18285—2018)。

1. 双怠速法

按 GB 18285—2018 中附录 A 进行检测,检测结果应小于表 3-4 中规定的排放限值。

表 3-4　双怠速法检验排气污染物排放限值

类别	怠　速		高　怠　速	
	CO/%	HC/10^{-6}	CO/%	HC/10^{-6}
限值 a	0.6	80	0.3	50
限值 b	0.4	40	0.3	30

2. 简易瞬态工况法

按 GB 18285—2018 中附录 D 进行检测,检测结果应小于表 3-5 中规定的排放限值。

表 3-5　简易瞬态工况法检验排气污染物排放限值

类别	CO/(g·km^{-1})	HC/(g·km^{-1})	NO$_x$/(g·km^{-1})
限值 a	8.0	1.6	1.3
限值 b	5.0	1.0	0.7

 操作训练

一、静态检查

(一) 18 位点检查法

静态检查项目繁多,容易丢项,因此可使用 18 位点检查法,绕车辆一周将所有项目包括进去,如图 3-3 所示。其中,1、2 两点分别为车前 2 m,车前左、右 45°方向;3、17 两点分别为车左、右前翼子板;4、16 两点分别为左、右 A 柱;5、15 两点分别为左、右前车门；6、14 两点分别为左、右 B 柱；7、13 两点分别为左、右后车门；8、12 两点分别为左、右 C 柱；9、11 两点分别为左、右后翼子板；10 点为车尾部；18 点为车前部。

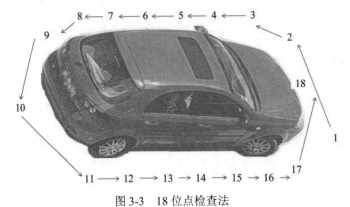

图 3-3　18 位点检查法

(二) 鉴别走私和拼装车辆

对走私和拼装车辆的鉴别方法如下：

(1) 运用公安部门的车辆档案资料，查找车辆来源信息，确定车辆的合法性及来源情况。这是一种最直接有效的判别方法。

(2) 查验二手车的合格证、维护保养手册。对进口车必须查验进口产品检验证明书和商验标志。

(3) 检查二手车外观。查看车身是否有重新做油漆的痕迹，特别是顶部下沿部分。车身的曲线部位线条是否流畅，尤其是小曲线部位，根据目前的技术条件，没有专门的设备不可能处理得十分完美，留下再加工痕迹会特别明显。检查门柱和车架部分是否有焊接的痕迹，一些走私车辆是在境外把车身切割后，运入国内再进行焊接拼凑起来的。查看车门、发动机盖、行李箱盖与车身的接合缝隙是否整齐、均衡。

(4) 查看二手车内饰。检查内装饰材料是否平整，内装饰压条边沿部分是否有明显的手指印或有其他工具碾压后留下的痕迹，车顶装饰材料上或多或少都会留下被弄脏后的痕迹。

(5) 打开发动机盖，检查发动机和其他零部件是否有拆卸后重新安装的痕迹，是否有旧的零部件或缺少零部件。查看电线、管路布置是否有条理、安装是否平整。核对发动机号码和车辆识别代号(车架号码)字体和部位。

(6) 对于车身切割过的走私车辆，最有效的鉴别方法是检查左右 A、B、C 三柱。

① 看外表，左右 A、B、C 三柱是否一致，车身切割过的车的 A、B、C 三柱，就算焊得再好，也不可能跟出厂时的一样，因为先焊接，再磨平、补灰，最后再重做底、面漆，不可能每个环节都做到完美。

② 用手敲打三柱与顶的连接处，从敲击的手感与声音来判别，声音沉哑没有那种敲金属的感觉多数是切割过的。

③ 最直接最好的方法就是把三柱的内饰板、门柱胶边揭开，看有没有焊接过的痕迹。

(三) 鉴别盗抢车辆

盗抢车辆的鉴别方法如下：

(1) 根据公安部门的档案资料，及时掌握车辆状态情况，防止盗抢车辆进入市场交易。这些车辆从车辆主人报案起到追寻到的这段时间内，公安部门会将这部分车辆档案资料锁定，不允许进行车辆过户、转籍等一切交易活动。

(2) 检查汽车门锁是否过新，锁芯有无被更换过的痕迹，转向盘锁或点火开关是否有破坏或调换的痕迹。

(3) 不法分子对盗抢车辆销赃，会对车辆、有关证件进行篡改和伪造，因而重点核对发动机号码和车辆识别代号，钢印周围是否变形或有褶皱现象，钢印正反面是否有焊接的痕迹。

(4) 查看车辆外观是否全身重新做过油漆，或者改变过原车辆颜色。

(5) 查看发动机舱管线布置是否有条理，发动机和其他零部件是否正常，内装饰材料是否平整，表面是否干净，尤其是压条边沿的部分，经过再装配的车辆内装饰压条边沿部分有明显的手指印或有其他工具碾压后留下的痕迹等。

(四) 鉴别事故车辆

机动车发生事故无疑会极大地损伤车辆的技术性能，但由于车辆在进行交易以前往往会进行整修、修复，因此如何准确判别车辆是否发生过事故，对于准确判断车辆技术状况、合理评估车辆交易价格具有重要意义。车辆事故状况判断一般从以下几个方面进行。

检查事故车

检查火烧车

1. 事故车判定原理

GB/T 30323—2013 规定，车体上的 12 个部位(见图 3-4)，任何一个部位有缺陷，即可判定为事故车。但这些部位被汽车的钣金件、内饰板等其他部件所遮盖，不易直接觉察。

事故车修复后，从整体外观上看一般无明显缺陷，漆面也光鲜亮丽，但仍然会在很多细节留下痕迹。因此，寻找车辆的事故痕迹或车辆的修复特征是判定事故车的核心。鉴别事故车，可以检查车辆的周正情况、用检测仪检查车身漆面、检查车窗玻璃的生产日期等外围的异常，也就是通过检查车辆外观，由外及里，推断图 3-4 车体上 12 个部位是否受损，进而推断车辆是否为事故车。

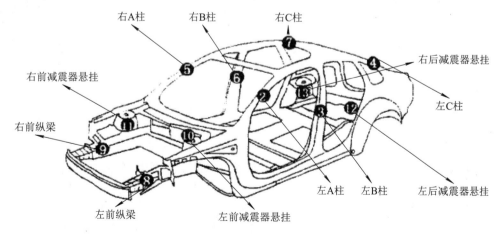

图 3-4　车体结构示意图

2. 检查车辆的周正情况

检查车身是否发生过碰撞，可站在车的前方观察车身各部位的周正、对称状况，特别要观察车身各接缝，如出现不直，缝隙大小不一，线条弯曲，装饰条有脱落或新旧不一，说明该车可能发生过事故或修理过。

鉴别方法一：从汽车的前面走出 5 m 或 6 m，蹲下沿着轮胎和汽车的外表面向下看汽车的两侧。在两侧，前、后车轮应该排成一条线。然后，走到汽车后面进行同样的观察，前轮和后轮应该仍然成一条直线；如果不是，则车架或整体车身弯了。即使左侧前、后轮和右侧前、后轮相互成一条直线，但一侧车轮比另一侧车轮更突出车身，则表明汽车曾发生过碰撞。

鉴别方法二：蹲在前车轮附近，检查车轮前后的空间，如车轮后面与车轮罩后缘之间的距离，用金属直尺测量这段距离，左右两侧前轮测量出的该距离应大致相同。在后轮测量同一间隙，如果两次测量之间的距离相差过大，则表明车架或整体车身弯了。

3. 检查车身漆面

查看排气管、镶条、窗户四周和轮胎等处是否有多余油漆。如果有，说明该车已做过油漆或翻新。用一块磁铁(最好选用柔性磁铁，不会损伤汽车漆面)在车身周围移动，如遇到磁力突然减少的地方，说明该车局部补了灰，做了油漆。当用手敲击车身时，如敲击声发脆，说明车身没有补灰、做过漆；如敲击声沉闷，则说明车身曾补过灰、做过漆。

用漆膜仪检查，如果数值严重大于正常值，则可以间接判断该车的被检测部位经历过严重的碰撞和大面积的修补，有可能是事故车。汽车发生过碰撞后，车身的金属部件就会发生形变，即使修复好，车身表面也是不平整的，这时就需要刮上腻子填平凹凸的地方，然后再打磨喷漆，以这种方式修复的车面，漆面都会比较厚，用漆膜仪就可以很容易地测出来。

4. 检查底盘线束及其连接情况

在正常情况下，未发生过事故的车辆，其连接部件应配合良好，车身没有多余的焊缝，线束、仪表部件等应安装整齐、新旧程度接近。因此，在检查车辆底盘时，应认真观察车底是否漏水、漏油、漏气，锈蚀程度与车体上部检查的是否相符，是否有焊接痕迹，车辆转向节臂、横拉杆及球头销是否松动，连接是否牢固可靠，车辆车架是否有弯、扭、裂、断、锈蚀等损伤，螺栓、铆钉是否齐全、紧固，车辆前后是否有变形、裂纹。固定在车身上的线束是否整齐、新旧程度是否一致，这些都可以作为判断车辆是否发生过事故的线索。

检查泡水车

【例 3-1】 如何鉴别车辆泡过水。

鉴别车辆泡过水，最直观的方法就是通过望、闻、问、切。简单地说，可以从车底板棉毡、发动机舱的电线、安全带、座椅滑动的轨道、车内气味四个方面来进行鉴别。

(1) 前后车门中间 B 柱(有塑胶饰板盖着)存有的明显污泥线，表示该车泡水高度。

(2) 将前后挡风玻璃橡皮用起子撬开，内有污泥就是全泡车(水位超过引擎盖就算全泡车)。

(3) 泡水车影响最大的就是车辆的电路，这是不能完全修复的，而且修复后的电路也会在三个月或者更长时间后出现问题。发动机舱的电线很多都是已经沾满了污泥，而且这些是没有办法清洗的，如图 3-5 所示。

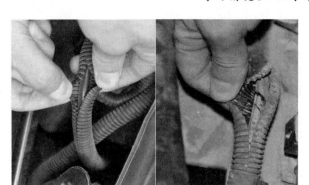

(a) 泡水前　　　　　　　　　(b) 泡水后

图 3-5　泡水前后电线对比

（4）留意发动机的金属质地和其他金属零部件是否存在霉点，如果全车金属零部件都存在霉点，则这辆车很大程度是泡水车。

（5）泡水车座椅内的水分很难消除，即使经过一段时间后，车内仍可以闻到一股霉臭味，而且这些味道不能用光触媒完全清除。

此外，一辆汽车的真皮座椅全部换掉要花上千元，所以车主一般不会考虑更换座椅。即使车子里的水排干了，真皮座椅里的海绵、车底板的棉毡还是会有污水的残留，泡过水后的霉味还是挥之不去的。所以，如果把车门关闭，能闻到一股霉臭味，那么这辆车很大程度就是泡水车。

（6）泡水车的地毯晒干后，可以看到毛粒竖立，而且用手摸上去会显得较为粗糙。车底板上有一层用来隔音隔热的棉毡，如果车子进过水，一定会在棉毡上留下泥沙，就算清洗再干净也不能完全去掉这层泥沙。车主一般不会选择更换棉毡，顶多会在其上面再加一层脚垫，购买二手车时可以仔细查看此部位。

（7）车辆泡过水后，清洗后的安全带并不影响正常使用，所以车主一般不会更换安全带。买车时可以把安全带抽到底，直到不能再往外抽为止，因为最底部是机洗洗不到的地方，多多少少会留有水渍。

（8）观察座椅前后滑动的轨道。如果驾驶室进了水，轨道多半会生锈，而且车主修车时也可能不会更换这个地方。可以将座椅推到驾驶室的最后部，以便查看轨道上是否有锈迹。

（五）静态检查车辆技术状况

1. 车身外观

车身外观部位及对应的代码见图 3-6 和表 3-6。参照图 3-6 的标示，按照表 3-6、表 3-7 的要求检查所列的 26 个项目(序号 14～39)。程度为 1 的扣 0.5 分，每增加 1 个程度加扣 0.5 分，共计 20 分，扣完为止。轮胎部分需高于程度 4 的标准，不符合标准时扣 1 分。

使用车辆外观缺陷测量工具与漆面厚度检测仪器并结合目测法对车身的外观进行检测。

根据表 3-6、表 3-7 描述的缺陷，车身外观项目的转义描述为：车身部位＋状态＋程度。如 21XS2 对应描述为：左后车门有锈蚀，面积大于 100 mm × 100 mm，但小于或等于 200 mm × 300 mm。

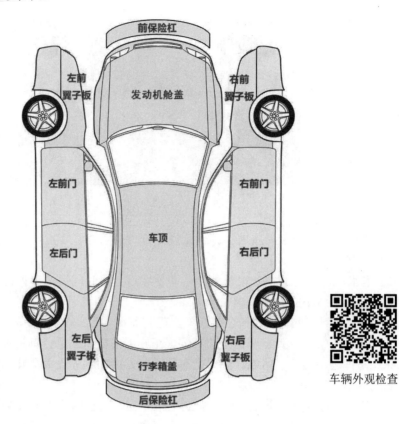

图 3-6　车身外观展开示意图

表 3-6　车身外观部位代码对应表

代码	外 观 部 位	代码	外 观 部 位
14	发动机舱盖表面	27	后保险杠
15	左前翼子板	28	左前轮
16	左后翼子板	29	左后轮
17	右前翼子板	30	右前轮
18	右后翼子板	31	右后轮
19	左前车门	32	前大灯
20	右前车门	33	后尾灯
21	左后车门	34	前挡风玻璃
22	右后车门	35	后挡风玻璃
23	行李箱盖	36	四门风窗玻璃
24	行李箱内侧	37	左后视镜
25	车顶	38	右后视镜
26	前保险杠	39	轮胎

表 3-7　车身外观状态描述对应表

代码	HH	BX	XS	LW	AX	XF
描述	划痕	变形	锈蚀	裂纹	凹陷	修复痕迹

注：缺陷程度：1—面积小于或等于 100 mm×100 mm；2—面积大于 100 mm×100 mm 并小于或等于 200 mm×300 mm；3—面积大于 200 mm×300 mm；4—轮胎花纹深度小于 1.6 mm。

2. 发动机舱

按表 3-8 的要求检查 10 个项目(序号 40～49)。选择 A 不扣分，第 40 项选择 B 或 C 扣 15 分；第 41 项选择 B 或 C 扣 5 分；第 44 项选择 B 扣 2 分，选择 C 扣 4 分；其余各项选择 B 扣 1.5 分，选择 C 扣 3 分，共计 20 分，扣完为止。如检查第 40 项时发现机油中有冷却液混入、检查第 41 项时发现缸盖外有机油渗漏，则应在二手车鉴定评估报告或二手车技术状况表的技术状况缺陷描述中分别予以注明，并提示修复前不宜使用。

检查发动机舱

表 3-8　发动机舱检查项目作业表

序号	检查项目	A	B	C
40	机油有无冷却液混入	无	轻微	严重
41	缸盖外是否有机油渗漏	无	轻微	严重
42	前翼子板内缘、水箱框架、横拉梁有无凹凸或修复痕迹	无	轻微	严重
43	散热器格栅有无破损	无	轻微	严重
44	蓄电池电极桩柱有无腐蚀	无	轻微	严重
45	蓄电池电解液有无渗漏、缺少	无	轻微	严重
46	发动机皮带有无老化	无	轻微	严重
47	油管、水管有无老化、裂痕	无	轻微	严重
48	线束有无老化、破损	无	轻微	严重
49	其他	只描述缺陷，不扣分		

3. 驾驶舱

按表 3-9 的要求检查所示的 15 个项目(序号 50～64)，选择 A 不扣分，第 50 项选择 C 扣 1.5 分，第 51、52 项选择 C 扣 0.5 分，其余项目选择 C 扣 1 分。共计 10 分，扣完为止。

如检查第 60 项时发现安全带结构不完整或者功能不正常，则应在二手车鉴定评估报告或《二手车技术状况表》的技术状况缺陷描述中予以注明，并提示修复或更换前不宜使用。

表 3-9　驾驶舱检查项目作业表

序号	检 查 项 目	A	C
50	车内是否无水泡痕迹	是	否
51	车内后视镜、座椅是否完整、无破损、功能正常	是	否
52	车内是否整洁、无异味	是	否
53	方向盘自由行程转角是否小于 20°	是	否
54	车顶及周边内饰是否无破损、松动及裂缝和污迹	是	否
55	仪表台是否无划痕，配件是否无缺失	是	否
56	排挡把手柄及护罩是否完好、无破损	是	否
57	储物盒是否无裂痕，配件是否无缺失	是	否
58	天窗是否移动灵活、关闭正常	是	否
59	门窗密封条是否良好、无老化	是	否
60	安全带结构是否完整、功能是否正常	是	否
61	驻车制动系统是否灵活有效	是	否
62	玻璃窗升降器、门窗工作是否正常	是	否
63	左、右后视镜折叠装置工作是否正常	是	否
64	其他	只描述缺陷，不扣分	

4. 底盘

按表 3-10 的要求检查所示 8 个项目(序号 85~92)，选择 A 不扣分，第 85、86 项选择 C 扣4 分，第 87、88 项选择 C 扣 3 分，第 89、90、91 项选择 C 扣 2 分。共计 15 分，扣完为止。

表 3-10　底盘检查项目作业表

序号	检 查 项 目	A	C
85	发动机油底壳是否无渗漏	是	否
86	变速箱体是否无渗漏	是	否
87	转向节臂球销是否无松动	是	否
88	三角臂球销是否无松动	是	否
89	传动轴、十字轴是否无松旷	是	否
90	减震器是否无渗漏	是	否
91	减震弹簧是否无损坏	是	否
92	其他	只描述缺陷，不扣分	

二、动态检查

(一) 路试前的准备工作

1. 检查机油油位

检查之前应将车停放在平坦的场地上。将启动开关钥匙拧到关闭位

检查底盘

置，把驻车制动杆放到制动位置，变速杆放到空挡位置。油位在上下刻线之间，即为合适(见图3-7)。如果超出上刻线，应放出机油；如果低于下刻线，可从加油口处添加机油，待10 min后，再次检查机油油位。

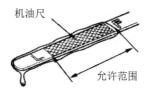

图 3-7　机油油位的检查

2. 检查冷却液液位

对于没有膨胀水箱的冷却系统，可以打开散热器盖进行检视，要求液面不低于排气孔10 mm。如果使用防冻液，要求液面高度应低于排气孔50～70 mm(这是为了防止防冻液因温度增高溢出)。对于装有膨胀水箱的冷却系统，应检查膨胀水箱的冷却液量是否在规定刻线(H～L)之间(见图3-8)。

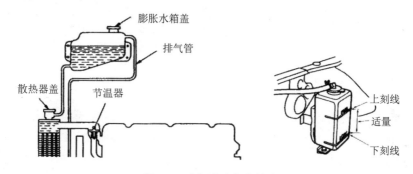

图 3-8　冷却液液位的检查

3. 检查制动液液位

正常制动液液位应在贮液罐的上限与下限刻线之间或标定位置处(见图3-9)。当液位低于标定刻线或下限位置时，应将制动液补充到标定刻线或上限位置。在添加或更换制动液时，要严格执行厂方的规定，否则制动液的效能将会改变，制动件会被损坏。如发现制动液量显著减少，应注意查找渗漏部位，及时修复，防止车辆制动失灵。

图 3-9　制动液液位的检查

4. 检查离合器液压油液位

检查离合器液压油液位高度的方法与检查制动液相同。

5. 检查动力转向液压油的油量

如果油平面高度低于油尺下限刻度，则需要添加同种的转向液压油，直至上限刻度为止。

6. 检查燃油箱的油量

打开点火开关，观察燃油表，了解油箱大致储油量(见图 3-10)。也可打开油箱盖，观察或用量尺测量。

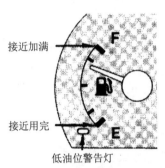

图 3-10　燃油箱油量的检查

7. 检查制动踏板行程并确认制动灯工作

检查踩踏制动踏板的感觉，当踩下制动踏板 25～50 mm 时，应感到坚实而没有松软感，即使踩下 0.5 min 也应是如此。如果制动踏板有松软感，可能制动管路里有空气，这意味着制动系统中某处可能有泄漏。另外，还要检查驻车制动是否工作，是否能将汽车稳固地保持住。

检查启动项

8. 检查轮胎气压

气压不足，应进行充气；气压过高，应放出部分气体。

(二) 发动机工作性能的检查

1. 检查发动机启动性

正常情况下，用启动机启动发动机时，应在三次内启动成功。启动时，每次启动时间要间隔 15 s 以上。若发动机不能正常启动，则说明发动机的启动性不好。

影响发动机启动性的原因有很多，主要有油路、电路、气路和机械四个方面。如供油不畅、电动汽油泵无保压、点火系统漏电、蓄电池电极锈蚀、空气滤清器堵塞、气缸磨损致使气缸压力过低、气门关闭不严等。

2. 检查发动机怠速

发动机启动后使其怠速运转，打开发动机盖，观察怠速运转情况，怠速应平稳，发动机振动很少。观察仪表盘上的发动机转速表，此时发动机的怠速转速应在 800 r/min 左右，不同发动机的怠速转速可能有一定的差别。若开空调，发动机怠速转速应上升，在 1000 r/min

左右。

发动机怠速时，若出现转速过高、过低、发动机抖动严重等现象，均表明发动机怠速不良。引起发动机怠速不良的原因多达几十种，如点火正时、气门间隙、进气系统、怠速阀、曲轴箱通风系统、废气再循环系统、活性炭罐系统、点火系统、供油系统、线束等。

3. 检查发动机异响

发动机怠速运转时，听发动机有无异响、响声大小，然后用手拨动节气门，适当增加发动机转速，倾听发动机的异响是否加大，或是有新的异响出现。

若发动机发出敲击声、咔嗒声、爆燃声、咔咔声、尖叫声等均是不正常的响声。如果有来自发动机底部的低频隆隆声或爆燃声，则说明发动机严重损坏，需要对发动机进行大修。

4. 检查发动机急加速性

待发动机运转正常后，发动机温度在 80℃以上，从怠速到急加速，观察发动机的急加速性能，然后迅速松开油门，注意发动机怠速是否熄火或工作不稳定。通常急加速时，发动机会发出强劲且有节奏的轰鸣声。

5. 发动机启动分值评定

按表 3-11 的要求检查 10 个项目(序号 65～74)。选择 A 不扣分，第 65、66 项选择 C 扣 2 分，第 67 项选择 C 扣 1 分，第 68 至 71 项，选择 C 扣 0.5 分，第 72、73 项选择 C 扣 10 分。共计 20 分，扣完为止。

如检查第 66 项时发现仪表板指示灯显示异常或出现故障报警，则应查明原因，并在二手车鉴定评估报告或二手车技术状况表的技术状况缺陷描述中予以注明。

优先选用车辆故障信息读取设备对车辆技术状况进行检测。

表 3-11　启动检查项目作业表

序号	检 查 项 目	A	C
65	车辆启动是否顺畅(时间少于 5 s，或一次启动)	是	否
66	仪表板指示灯显示是否正常，无故障报警	是	否
67	各类灯光和调节功能是否正常	是	否
68	泊车辅助系统工作是否正常	是	否
69	制动防抱死系统(ABS)工作是否正常	是	否
70	空调系统风量、方向调节、分区控制、自动控制、制冷工作是否正常	是	否
71	发动机在冷、热车条件下怠速运转是否稳定	是	否
72	怠速运转时发动机是否无异响，空挡状态下逐渐增加发动机转速，发动机声音过渡是否无异响	是	否
73	车辆排气是否无异常	是	否
74	其他	只描述缺陷，不扣分	

(三) 汽车路试检查

(1) 检查离合器的工作状况。正常情况下，离合器应该接合平稳，分离彻底，工作时无异响、抖动和不正常打滑等现象。如果离合器发抖或有异响，说明离合器内部有零部件损坏现象，应立即结束路试。

(2) 检查变速器的工作状况。从起步加速到高速挡，再由高速挡减至低速挡，检查变速器换挡是否轻便灵活，是否有异响，互锁和自锁装置是否有效，是否有乱挡或掉挡，换挡时变速杆不得与其他部件干涉。

(3) 检查汽车动力性。汽车起步后，加速行驶，猛踩加速踏板，检查汽车的加速性能。通常，急加速时，发动机发出强劲的轰鸣声，车速迅速提升。

(4) 检查汽车制动性。当踩下制动踏板时，若制动踏板或制动鼓发出冲击或尖叫声，则表明制动摩擦片可能磨损，路试结束后应检查制动摩擦片的厚度。若踩下制动踏板有海绵感，则说明制动管路进入空气，或制动系统某处有泄漏，应立即停止路试。

(5) 检查汽车行驶稳定性。汽车以 50 km/h 左右中速直线行驶，双手松开转向盘，观察汽车行驶状况；汽车以 90 km/h 以上高速行驶，观察转向盘有无摆动现象。选择宽敞的路面，左右转动转向盘，检查转向是否灵活、轻便。

(6) 检查汽车行驶平顺性。将汽车开到粗糙、有凸起路面行驶，或通过铁轨、公路有伸缩接缝处，感觉汽车的平顺性和乘坐舒适性。

(7) 检查汽车传动效率。在平坦的路面上，做汽车滑行试验。将汽车加速至 30 km/h 左右，踏下离合器踏板，将变速器挂入空挡滑行，其滑行距离应不小于 220 m；将汽车加速至 40~60 km/h 迅速抬起加速踏板，检查有无明显的金属撞击声，如果有，说明传动系统间隙过大。

(8) 检查风噪声。逐渐提高车速，使汽车高速行驶，倾听车外的风噪声。风噪声过大，说明车门或车窗密封条变质损坏，或车门变形密封不严，尤其是整形后的事故车。

(9) 检查驻车制动。选一坡路，将车停在半坡上，拉上驻车制动，观察汽车是否停稳，有无滑溜现象。

(四) 自动变速器的路试检查

自动变速器路试前的准备工作：在路试之前，应先让汽车以中低速行驶 5~10 min，让发动机和自动变速器都达到正常工作温度。

(1) 检查自动变速器升挡。将操纵手柄拨至前进挡(D)位置，踩下加速踏板，使油门保持在 1/2 开度左右，让汽车起步加速，检查自动变速器的升挡情况。若自动变速器不能升入高挡，则说明控制系统或换挡执行元件有故障。

(2) 检查自动变速器升挡车速。将操纵手柄拨至前进挡(D)位置，踩下节气门踏板，使节气门保持在某一固定开度，让汽车加速。当察觉到自动变速器升挡时，记下升挡车速。若升挡车速太低，一般是控制系统的故障所致；若升挡车速太高，则可能是控制系统的故障所致，也可能是换挡执行元件的故障所致。

(3) 检查自动变速器升挡时发动机转速。有发动机转速表的汽车在做自动变速器道路试验时，应注意观察汽车行驶中发动机转速变化的情况。它是判断自动变速器工作是否正常的重要依据之一。在正常情况下，若自动变速器处于经济模式或普通模式，油门保持在低于 1/2 开度范围内，则在汽车由起步加速直到升入高速挡的整个行驶过程中，发动机转速都低于 3 000 r/min。

(4) 检查自动变速器换挡质量。若换挡冲击太大，说明自动变速器的控制系统或换挡执行元件有故障，其原因可能是油路油压过高或换挡执行元件打滑，自动变速器有故障需要维修。

(5) 检查自动变速器的锁止离合器工作状况。自动变速器的变矩器中的锁止离合器工作是否正常，也可以采用道路试验的方法进行检查。试验中，让汽车加速至超速挡，以高于 80 km/h 的车速行驶，并让油门开度保持在低于 1/2 的位置，使变矩器进入锁止状态。此时，快速将油门踏板踩下至 2/3 开度，同时检查发动机转速的变化情况。若发动机转速没有太大变化，则说明锁止离合器处于接合状态；反之，若发动机转速升高很多，则表明锁止离合器没有接合，其原因通常是锁止控制系统有故障。

(6) 检查发动机制动功能。将操纵手柄拨至低挡位置，在汽车以 2 挡或 1 挡行驶时，突然松开节气门踏板，检查是否有发动机制动作用。若松开油门踏板后车速立即随之下降，说明有发动机制动作用；否则，说明控制系统或前进强制离合器有故障。

(7) 检查自动变速器强制降挡功能。应将操纵手柄拨至前进挡(D)位置，保持油门开度为1/3 左右，在以 2 挡、3 挡或超速挡行驶时突然将油门踏板完全踩到底，检查自动变速器是否被强制降低一个挡位。

(五) 路试后的检查

1. 检查各部件温度

检查冷却液温度，机油、齿轮油温度(正常冷却液温度、机油温度不应高于 90℃，齿轮油温度不应高于 85℃)；查看制动鼓、轮毂、变速器壳、传动轴、中间轴轴承、驱动桥壳等，不应有过热现象。

2. 检查"四漏"情况

在发动机运转及停车时散热器、水泵、气缸、缸盖、暖风装置及所有连接部位均无明显渗漏水现象。机动车连续行驶距离不小于 10 km，停车 5 min 后观察发动机不得有明显渗漏油的现象，检查机油、变速器油、主减速器油、转向液压油、制动液、离合器油、液压悬架油等相关处有无泄漏。检查汽车的进气系统、排气系统有无漏气现象。检查发动机点火系统有无漏电现象。

(六) 路试分值评定

按表 3-12 的要求检查所示的 10 个项目(序号 75～84)。选择 A 不扣分，选择 C 扣 2 分。共计 15 分，扣完为止。

如果检查第 80 项时发现制动系统出现刹车距离过长、跑偏等不正常现象，则应在二手车鉴定评估报告或二手车技术状况表的技术缺陷描述中予以注明,并提示修复前不宜使用。

表 3-12　路试检查项目作业表

序号	检 查 项 目	A	C
75	发动机运转、加速是否正常	是	否
76	车辆启动前踩下制动踏板,保持 5~10 s,踏板无向下移动的现象	是	否
77	踩住制动踏板启动发动机,踏板是否向下移动	是	否
78	行车制动系最大制动效能在踏板全行程的 4/5 以内达到	是	否
79	行驶是否无跑偏	是	否
80	制动系统工作是否正常有效、制动不跑偏	是	否
81	变速箱工作是否正常、无异响	是	否
82	行驶过程中车辆底盘部位是否无异响	是	否
83	行驶过程中车辆转向系统是否无异响	是	否
84	其他	只描述缺陷,不扣分	

三、仪器检测

下面列举表 3-1 中的几个仪器检测项目。

(一) 用故障检测仪读取故障码

1. 故障检测仪

对于现代汽车的电子控制系统,都有故障自行诊断功能,可采用故障检测仪来读取故障码。

汽车电子控制系统的控制电路上设置有一个专用的故障检测插座,通过线路与车载电脑(Engine Control Unit,ECU)连接。只要将汽车制造厂提供的该车型的专用微机故障检测仪或通用型故障检测仪的检测插头与汽车上的故障检测插座连接,然后打开点火开关,就可以很方便地从微机故障检测仪上读出所有存储在 ECU 中的故障码。查阅该车型的维修手册,就可以知道这些故障码所表示的故障内容和可能的故障原因。

2. 故障检测仪使用注意事项

(1) 首先应注意仪器的保管,不要摔碰,避免潮湿,因为本仪器采用的是精密电子集成系统。

(2) 在测试前选择正确的测试接头,测试前应先关闭点火开关,然后将已连接好的检测仪的测试接头插入车身的故障检测插座,再打开点火开关进行测试。

(3) 动态测试时,启动发动机后,主机显示屏可能出现闪烁现象,这是正常的。

(4) 在检测工作中,汽车 ECU 不能与故障诊断仪主机实现通信,需检查各接口的连接是否良好。

(5) 测试工作结束后,应先关闭点火开关,再拔下测试接头。

(6) 人工测试故障时，应保证试配线(跨接线)与故障检测插座之间的接触良好，避免测试信号中断。

(二) 发动机异响听诊

发动机正常响声：技术状态良好的发动机，运转中仅能听到均匀的排气声和轻微的噪声。

异响，是物体发生振动、产生声波而产生的。在发动机上，不同的机件、部位和工况，声源所产生的振动是不同的，发出的异响在声调、声频、声强、出现的位置和次数等方面均不相同。

发动机的异响主要有机械异响、燃烧异响等。常见的异响主要有曲轴主轴承响、连杆轴承响、活塞销响、活塞敲缸响、气门响、汽油机点火敲击响和柴油机着火敲击响等。

诊断发动机异响的主要方法有经验诊断法和仪器诊断法。

用示波器诊断发动机异响，就是利用振动传感器(拾振器)把各种异响对应的振动信号拾取出来，经过选频放大处理后送到示波器显示出波形，对异响进行频率鉴别和幅度鉴别，再辅以单缸断火(或单缸断油)、转速变换等手段，就能迅速、准确地判断出异响的种类、部位和严重程度。

仪器诊断法的方法与步骤：

(1) 开机预热。

(2) 安装传感器。

(3) 设置系统，进入检测项目。

(4) 正常运转发动机，听察发动机的正常声响，演示正常波形。

(5) 设置故障(燃烧异响、气门响可发生在任何转速下，点火敲击响发生在踩加速踏板时)，诊断排除。

(6) 记录数据(波形)。

(7) 整理传感器、设备、场地。

(三) 轮胎动平衡检测

车轮不平衡对汽车性能的影响很大：一方面会使整车有上、下跳动的趋势，引起垂直方向的振动，影响汽车行驶的平顺性；另一方面会引起转向轮横向摆动，影响汽车操纵稳定性和行驶安全。车轮不平衡还会加剧轮胎、转向机构、行驶系统及传动系统零部件的冲击和磨损，缩短其使用寿命。因此，在二手车鉴定评估时，如果路试有方向发抖等现象时要对车轮进行动平衡检测及四轮定位检测。

离车式动平衡检测步骤：

(1) 清除被测车轮上的泥土、石子和旧平衡块。

(2) 检查轮胎气压，视必要充至规定值。

(3) 根据轮辋中心孔的大小选择锥体，仔细装上车轮，用大螺距螺母上紧。

(4) 打开车轮平衡机电源开关，检查指示与控制装置的面板是否指示正确。

(5) 用卡尺测量轮辋宽度 L，轮辋直径 D(也可从胎侧读出)，用平衡机上的标尺测量轮辋边缘至机箱距离 A，再用键入或选择器旋钮对准测量值的方法，将 A、D、L 值键入指示与控制装置中。

(6) 放下车轮防护罩，按下启动键，车轮旋转，动平衡测试开始，自动采集数据。

(7) 车轮自动停转或听到"滴"声后，按下停止键并操纵制动装置使车轮停转，从指示装置读取车轮内、外不平衡量和不平衡位置。

(8) 抬起车轮防护罩，用手慢慢转动车轮，当指示装置发出指示(音响、指示灯亮等)时停止转动。在轮辋的内侧或外侧的上部(时钟 12 点位置)加装指示装置显示该侧平衡块的质量。内、外侧分别进行该步骤，平衡块装卡要牢固。

(9) 安装平衡块后有可能产生新的不平衡，此时，需要重新进行动平衡测试，直到不平衡量小于 5 g，指示装置显示"00"或"OK"时才能满意。当不平衡量相差 10 g 左右时，沿轮辋边缘前后移动平衡块一定角度，也可获得平衡的效果。实践经验越丰富，达到平衡的速度也越快。

(10) 测试结束，关闭电源开关。

(四) 四轮定位检测

四轮定位对汽车的正常行驶稳定性起着十分重要的作用。当汽车行驶一段时间后，四轮定位出现异常，可能会造成轮胎异常磨损、零部件磨损加快、转向盘发沉、车辆跑偏、油耗增加等现象。汽车转向轮定位值是汽车安全检测中的重点检测项目之一，在二手车检查中，如有轮胎异常磨损、车辆跑偏等现象，则应进行四轮定位检查。

1. 四轮定位的内容

四轮定位包括前轮定位和后轮定位，前轮定位包括主销后倾角、主销内倾角、前轮外倾角和前轮前束角四项内容，后轮定位包括后轮外倾角和后轮前束角两项内容。

2. 四轮定位仪检测的项目

汽车前轮定位参数的检测，有静态检测法和动态检测法两种。静态检测法是在汽车静止状态下，用车轮定位仪对前轮定位值进行检测。四轮定位仪是专门用来测量车轮定位参数的设备，其中可检测的项目包括：前轮前束角/前张角、前轮外倾角、主销后倾角、主销内倾角、后轮前束角/前张角、后轮外倾角、车辆轮距、车辆轴距、转向 20° 时的前张角、推力角和左右轴距差等。

3. 典型四轮定位仪测试过程

四轮定位检测设备有气泡水准式、光学式、激光式、电脑式等。下面以电脑拉线式四轮定位仪为例进行介绍。

电脑拉线式四轮定位仪，其主要结构由带微处理器的主机柜及彩色监视器、键盘、80列 A4 打印机、红外电子测量尺(用来检测轮距)、红外遥控器、标准转盘或电子转盘、自定心卡盘、传感器、接线盒、电缆、传感器拉线、转向盘锁定杆和制动杆等组成。检测方法和步骤如下：

(1) 把传感器支架安装在轮辋上，再把传感器(定位校正头)安装到支架上，并按使用说明书的规定调整。

(2) 打开电脑进入测试程序，输入被测汽车的车型和生产年份。

(3) 进行轮辋变形补偿，转向盘位于中间位置，使每个车轮旋转一周，即可把轮辋变形误差输入电脑。

(4) 降下第二次举升量，使汽车落到平台上，把汽车前部和后部向下压动 4～5 次，使各部位落到实处。

(5) 用制动锁压下制动踏板，使汽车处于制动状态。

(6) 将转向盘左转至电脑显示"OK"，输入左转角度数；然后将转向盘右转至电脑显示"OK"，输入右转角度数。

(7) 将转向盘回正，电脑显示出后轮的前束角及外倾角数值。

(8) 调正转向盘，并用转向盘锁锁止转向盘，使之不能转动。

(9) 将安装在四个车轮上的定位校正头的水平仪调到水平线上，此时电脑显示出转向轮的主销后倾角、主销内倾角、转向轮外倾角和前束角的数值。电脑将比较各测量数值，得出"无偏差""在允许范围内"或"超出允许范围"的结论。

(10) 若"超出允许范围"，按电脑提示的调整方法进行针对性调整。调整后仍不能解决问题，则应更换有关零部件。

(11) 再次压试汽车，将转向轮左右转动，看屏幕上的数值有无变化，若有变化应重新调整。

(12) 拆下定位校正头和支架，进行路试，检查四轮定位调整的效果。

(五) 汽车制动踏板力测量

《机动车运行安全技术条件》(GB 7258—2017)规定路试或台试进行制动性能检测时的液压制动踏板力应符合：

行车制动在产生最大制动效能时的踏板力或手握力应小于等于：

——乘用车和正三轮摩托车：500 N；

——摩托车(正三轮摩托车除外)：350 N(踏板力)或 250 N(手握力)；

——其他机动车：700 N。

驻车制动应通过纯机械装置把工作部件锁止，并且驾驶人施加于操纵装置上的力：

手操纵时，乘用车不应大于 400 N，其他机动车不应大于 600 N；

脚操纵时，乘用车不应大于 500 N，其他机动车不应大于 700 N。

1. 基本原理

汽车制动踏板力的测量过程：踏板力→电信号→处理并自动储存→显示。汽车制动踏板力计由传感器、主机、显示和控制装置等组成。

2. 方法与步骤

(1) 将传感器安装在制动踏板上(踏板中心位置)。

(2) 连接传感器与主机的连线。

(3) 闭合电源开关，清零、调零。

(4) 按下峰时开关(峰态)，进入测试状态。

(5) 路试或台试，至规定车速(座位数小于或等于 9 的客车路试车速为 50 km/h)踩下制动踏板，测得踏板力。本试验以静态测试代替动态测试。

(6) 数据处理：测试三次，取平均值，然后与标准比较，作出判断。

任务工单

任务名称	二手车现场鉴定		班级	
学生姓名		学生学号		任务成绩	
任务目的	掌握二手车技术状况鉴定的静态检查、动态检查和仪器检测等知识，学习二手车技术鉴定技能			

一、知识准备

1. 汽油机排气颜色为蓝色，说明( )。

A. 混合气过浓或是点火时刻过迟，造成燃烧不完全

B. 冷却液温度过低

C. 有机油窜入气缸燃烧室内参与燃烧

D. 以上都不正确

2. 下面不属于事故车的是( )。

A. 泡水车　　　　　　　　　　　B. 大修车

C. 严重碰撞或撞击的车辆　　　　D. 过火车辆

3. 汽油机排气颜色为黑色，说明( )。

A. 冷却液温度过低　　　　　　　B. 有机油窜入气缸燃烧室内参与燃烧

C. 混合气过浓或是点火时刻过迟，造成燃烧不完全

D. 以上都不正确

4. 汽油机装用三元催化器的目的是( )。

A. 降低燃油消耗　　　　　　　　B. 降低 CO、HC、NOx 的排放

C. 提高发动机的动力性　　　　　D. 提高燃料的燃烧性

5. 车辆上装置 ASR 系统的主要目的是( )。

A. 提高制动稳定性　　　　　　　B. 提高车辆经济性

C. 提高制动效能　　　　　　　　D. 提高车辆行驶的稳定性

6. 下列属于汽车被动安全装置的是( )。

A. 驱动防滑系统(ASR)　　　　　B. 轮胎压力检测报警装置

C. 动力转向系统　　　　　　　　D. 安全气囊

7. 车辆的实际技术状况是评估的( )。

A. 间接的依据之一　　　　　　　B. 一般的依据

C. 重要的依据之一　　　　　　　D. 次要的依据之一

8. 泡水车是指( )。

A. 涉水深度超过车轮半径的车辆　　　B. 涉水深度超过车轮的车辆

C. 涉水行驶过的车辆　　　　　　　　D. 水深超过发动机盖，达到前挡风玻璃的下沿

9. 对二手车进行技术状况的鉴定过程中，识伪检查包括哪些项目？

10. 对二手车进行技术状况鉴定的过程中，车厢内部及附属装置检查哪些项目？

11. 对二手车进行技术状况的鉴定过程中，车辆底盘主要检查哪些项目？

12. 对二手车进行技术状况的鉴定过程中，车身外观检查包括哪些项目？

13. 王先生的爱车发生了一次意外交通事故，伤及 B 柱，维修费用花费了好几万，好在都是保险公司出了。王先生得知 B 柱维修后车辆的安全性能大打折扣，就想出手此车换新车。王先生联系了某平台的评估人员，评估人员到场后测漆厚、量尺寸、查外观等，竟然没发现 B 柱的损伤，给出了一个非常理想的评估价，王先生窃喜，马上答应成交。

根据以上资料，请问：

(1) 此案例中，评估师在鉴定评估中存在什么问题？

(2) 提高评估师鉴定评估技能应从哪些方面入手？

14. 名词解释：工匠精神。

二、操作训练

杨女士有一辆丰田花冠轿车，手动低配，2007 年 10 月 8 日购买，现在想卖掉。2010 年 12 月 1 日，杨女士请二手车评估师给她的丰田花冠轿车进行鉴定评估，评估师进行静态检查后，进行了路试，检查结果记录如表 3-13 所示。

表 3-13 动态检查结果记录表

检 查 内 容		检查结果	结果分析
发动机动态检查	发动机启动性能	第三次启动成功	
	发动机怠速稳定性	轻微发抖	
	发动机曲轴箱窜气量	微量	
	发动机异响	无	
	废气	燃烧异常	空燃比异常
	发动机相关仪表	发动机故障灯亮起	电控系统故障
路试检查	加速性能	不良	
	制动性能		
	操纵稳定性	良好	
	换挡性能	换挡困难	离合器分离故障
	路试后的检查	无明显发热、漏油现象	

(1) 根据评估师动态检查记录，计算发动机启动分值和路试分值。

(2) 假设静态检查无扣分项，2010 年 12 月该车的新车价为 12 万元，请评估杨女士车辆的价值。

三、检查与评估

1. 根据自己完成任务的情况，进行自我评估，并提出改进意见。

2. 教师对学生任务完成情况进行检查、评估、点评。

学习情境 4 二手车评估方法确定

 情境导入

    一辆 2017 年的奔驰 C 200 L 运动版汽车，需要做按揭。鉴定评估师小陈给出的方案是车辆价值 30 万元。但客户首付预算不够，销售顾问小戴找到小陈，建议他给出 33 万元的价格，这样就可以让客户多贷点款，以便订单成交，这单利润两人分成。小陈向他师傅求助。

    分析：

    小陈的师傅，应该如何对他进行工作指导，以便小陈树立立身处世的原则，在评估工作中更好地成长呢？让我们一起来学习二手车诚信估价的相关知识吧。

    (1) 职业操守。职业操守是人们在职业活动中所遵守的行为规范的总和。一个人不管从事何种职业，都必须具备良好的职业操守，否则将会一事无成。小陈的师傅告诉他："一个职业该有怎样的职业操守，如同一个人该拥有怎样的价值观一样；以怎样一种理念经营一种职业，如同一个人选择怎样做人一样。"师傅希望他诚实守信，实在做事。

    (2) 业务把握。汽车使用性质的差异，车辆评估目的的不同，车辆交易在二手车市场活跃度的不同，选用的评估方法就不同，车辆的价格计算程序也会有区别。师傅的建议：要扎实打好二手车评估的基础，掌握其基本概念、适用范围、评估程序、各评估参数、计算方法，评估方法的差异和特点等。

    (3) 业务精进。二手车鉴定评估是指由二手车鉴定评估机构或专业评估人员，根据特定的目的，遵循客观的经济规律和程序，按照法定的标准和程序，运用科学的方法，对二手车的现实价格进行评估的工作。评估过程中要有效降低人为因素的影响，评估价格应能较好地反映客观实际。师傅鼓励他：在评估工作中，诚实守信的前提是评估结论的精确性，拿不出一个精确的评估价格，那就是欺骗客户。所以一方面是诚实为人，另一方面是实在做事，将评估这项业务做精做细，做到极致，给客户一个客观、公正、科学、准确的评估价格。

 学习目标

✦ **专业能力目标：**

- 熟悉二手车重置成本法的概念、重置成本估算、陈旧性贬值估算及成新率估算。
- 熟悉二手车现行市价法的常用概念、评估步骤、计算方法、优缺点。
- 熟悉二手车清算价格法的基本概念、适用范围、决定因素、评估方法。

- 熟悉二手车收益现值法的基本概念、适用条件、评估程序、各评估参数的确定。
- 掌握二手车各种评估方法的选择与应用。
- 熟悉评估报告书书写的基本要求与内容。
- 通过训练，培养合理利用不同评估方法评估车辆价格的能力，能正确撰写二手车评估报告书。

  ✦ **社会能力目标：**
- 能与他人进行有效的沟通。
- 具备团队合作精神，培养良好的团队合作能力。

  ✦ **思政目标：**
- 能自觉遵守二手车行业的职业道德规范和职业行为规范。
- 养成诚实守信的良好品质。
- 培养严格自律、务实求真的工作作风。

评估师高估高贷使
公司受损——谈诚信

 专业知识

一、重置成本法

(一) 重置成本法的定义

重置成本法是指在现时条件下，用重新购置一辆全新状态的被评估车辆所需的全部成本(即完全重置成本，简称重置全价)，减去该被评估车辆的各种陈旧性贬值后的值作为被评估车辆现时价格的一种评估方法。

根据定义，重置成本法评估值计算公式可表述为

$$P = R - D = R - D_p - D_f - D_e \tag{4-1}$$

式中，P 为评估值，R 为重置成本，D 为各种陈旧性贬值，D_p 为实体性贬值，D_f 为功能性贬值，D_e 为经济性贬值。由上式可以看出，被评估车辆的各种陈旧性贬值包括实体性贬值、功能性贬值、经济性贬值。

重置成本法评估值也可用下式计算：

$$P = R \times \gamma \tag{4-2}$$

式中，γ 为成新率。

在二手车评估中，若采用重置成本法评估二手车的价值，一般都采用式(4-2)来计算。

(二) 重置成本及其估算

重置成本是指购买一辆全新的、与被评估车辆相同的车辆所支付的最低金额。

按重新购置车辆所用的材料、技术的不同，把重置成本区分为复原重置成本和更新重置成本。复原重置成本指用与被评估车辆相同的材料、制造标准、设计结构和技术条件等，以现时价格复原购置相同的全新车辆所需的全部成本。更新重置成本指利用新型材料、新技术标准、新设计等，以现时价格购置相同或相似功能的全新车辆所支付的全部成本。

在同时获得复原重置成本和更新重置成本的情况下，应选择更新重置成本。选择更新重置成本的主要原因：一方面随着科学技术的进步，劳动生产率的提高，新设计、新工艺的采用被社会普遍接受；另一方面，新设计、新工艺制造的车辆，无论从其使用功能，还是运营成本方面都会优于旧的机动车辆。

汽车重置成本评估定价一般采用直接法和物价指数法两种方法。

1. 直接法

直接法是按待评估车辆的成本构成，以现行市价为标准，计算被评估车辆重置全价的一种方法。可以直接查询当地新车市场上，被评估车辆处于全新状态下的现行市场售价；或将车辆按成本构成分为若干组成部分，先确定各组成部分的现时价格，然后加起来得出待评估车辆的重置成本全价。

重置成本的构成可分为直接成本和间接成本两部分。直接成本是指直接可以构成车辆成本的支出部分。具体地说，是按现行市价的买价，加上运输费、购置税、消费税、人工税等。间接成本是指购置车辆产生的管理费、专项贷款产生的利息、注册登记手续费等。

以直接法取得的重置成本，无论是国产车辆还是进口车辆，应尽可能采用国内现行市价作为车辆评估的重置成本全价。现行市价可以从车辆制造商、经销商等处询价取得。

(1) 重置成本的构成一般分下述两种情况考虑：

① 属于所有权转让的经济行为，可按被评估车辆的现行市场成交价格作为被评估车辆的重置全价，其他费用略去不计。

② 属于企业产权变动的经济行为，如企业合资、合作和联营，企业分设、合并和兼并等，其重置成本构成除了考虑被评估车辆的现行市场购置价格以外，还应考虑国家和地方政府对车辆加收的其他税费，如车辆购置税、车船税等，均计入重置成本全价。

(2) 获取重置成本价格时应注意以下几点：

① 价格的时效性。价格资料和市场信息一般只反映一定时间的价格水平，而机动车的价格变化较快、较大，价格稳定期较短。评估时，要特别注意价格的时效性，所用资料要能反映评估基准日的价格水平，应尽可能地避免使用一些过时的价格资料。

② 价格的地域性。机动车销售价格受交易地点的影响较大，不同的地区由于市场环境不同、消费水平有差距、交易条件不同，所以机动车的售价也会不一样。评估时，应该使用评估对象所在地的价格资料。若无法获取当地的价格资料，则可参考邻近地区的价格，但要进行价格差的修正，使用价格资料要实事求是。

③ 价格的可靠性。评估师有责任对使用的价格资料的可靠性作出判断。一般从网上及其他公共媒体获得的价格资料只能作为参考价格。使用这些资料时，评估人员应以谨慎的态度进行必要的核实。从汽车销售市场直接获得的现时价格，可靠性相对较高。

2. 物价指数法

对于那些无法从现行市场上寻找到重置成本的车型，如淘汰产品或是进口车辆，可根据汽车市场的物价变动指数调整得到旧机动车的重置成本。物价指数法就是以机动车原始的购买价格为基础，根据同类车价格上涨指数来确定被评估车辆重置成本的方法。原始购买价格，就是机动车车主购车时的原始发票上的价格。车辆重置成本的计算公式为

$$R = R_0 \times S/S_0 \tag{4-3}$$

式中，R 为重置成本，R_0 为原始成本，S 为评估时的物价指数(%)，S_0 为购车时的物价指数(%)。

物价指数通常用百分数来表示，以 100% 为基础。当物价指数大于 100% 时，表明物价上涨；当物价指数低于 100% 时，表明物价下跌。物价指数又分为定基物价指数和环比物价指数。

1) 定基物价指数

定基物价指数是以固定时期为基期的指数，常用百分比来表示。

【例 4-1】 假设表 4-1 为某机动车的定基物价指数，某汽车 2011 年购置，原始购买价为 5.5 万元。2015 年的物价指数为 110%，计算 2015 年该车的重置成本。

表 4-1　定基物价指数

年　份	物价指数/%	年　份	物价指数/%
2011	100	2014	108
2012	103	2015	110
2013	106	—	—

解　根据重置成本的计算公式(4-3)，得到 2015 年该车的重置成本为

$$R = R_0 \times \frac{S}{S_0} = 5.5 \text{ 万元} \times \frac{110\%}{100\%} = 6.05 \text{ 万元}$$

2) 环比物价指数

环比物价指数是以上一期的物价指数为基数的指数，如果环比期以年为单位，则环比物价指数表示该机动车当年比上年的价格变动幅度，通常也用百分比来表示。将表 4-1 中的定基物价指数改用环比物价指数表示，则其环比物价指数见表 4-2。

表 4-2　环比物价指数

年　份	物价指数/%	年　份	物价指数/%
—	—	2014	101.9
2012	103.0	2015	101.9
2013	102.9	—	—

采用环比物价指数来计算重置成本的公式为

$$R = R_0 \times [P_{01} \times P_{12} \times \cdots \times P_{(n-1)n}] \tag{4-4}$$

式中，$P_{(n-1)n}$ 为第 n 年对第 $n-1$ 年的环比物价指数。

【例 4-2】 用环比物价指数来计算例 4-1 中汽车的重置成本。

解　按计算公式(4-4)，计算得到 2015 年该车的重置成本为

$$R = 5.5 \text{ 万元} \times (103\% \times 102.9\% \times 101.9\% \times 101.9\%) \approx 6.053 \text{ 万元}$$

从计算结果看到，用定基指数和用环比指数计算机动车的重置成本稍有差别，但不是很大，几乎一致。

3) 物价指数的获取

物价指数可以反映不同时期机动车价格变动的程度。评估人员可以参考政府有关部门、

世界银行、保险公司公布的统计资料，也可以根据所掌握的价格资料测算。但使用时应区分定基指数和环比指数。

如果被评估的车辆是已淘汰的产品，或是进口车辆，查询不到现行市价，可用物价指数法来确定其重置成本。用物价指数法时应注意如下问题：

(1) 一定要先检查被评估车辆的账面购买原价，如果购买原价不准确，则不能用物价指数法。

(2) 如果选用的物价指数与评估对象规定的评估基准日之间有时间差，这一时间差内的价格指数可由评估人员依据近期内的指数变化趋势结合市场情况确定。

(3) 物价指数要尽可能选用有法律依据的国家统计部门或物价管理部门，以及政府机关发布和提供的数据。有的可取自有权威性的国家政策部门所辖单位提供的数据，但绝不能选用无依据、不明来源的数据。

(三) 各种陈旧性贬值及其估算

机动车辆的价值是一个变量，它随其本身的运动和其他因素变化而相应变化。影响车辆价值变化的因素，除了市场价格以外，还有汽车的各种陈旧性贬值，包括实体性贬值、功能性贬值和经济性贬值。

1. 汽车的实体性贬值

1) 实体性贬值的概念

机动车实体性贬值在车辆制造完工后就开始发生，即使车辆没有使用，在闲置和保存过程中也产生损耗；在使用过程中还要受到摩擦、冲击、振动、腐蚀等作用，使车辆的零部件磨损、疲劳、锈蚀直至损坏，这是汽车的一种有形损耗。

确定实体性贬值，通常依据汽车的新旧程度，包括其表面及内部零部件的损耗程度。假如用实体性贬值率来衡量，一辆全新的车辆，其实体性贬值率为0%，而一辆完全报废的车辆，其实体性贬值率为100%，处于其他情况下的车辆，其实体性贬值率则位于这两个数字之间。

2) 实体性贬值额的估算

有形损耗引起的贬值，一般用实体性贬值额来表示。只要确定实体性贬值率 α_p 和重置成本 R，即可求得实体性贬值额 D_p。车辆实体性贬值额估算式为

$$D_p = \alpha_p R \tag{4-5}$$

评估人员可根据车辆的状况，来判断其贬值程度，确定车辆的贬值率 α_p，常用的方法有观察法和寿命比率法等。

(1) 观察法。观察法就是评估人员通过现场观察车辆的宏观技术状况，通过查阅车辆的历史资料，了解车辆的使用情况、维修保养情况等，向驾驶人员询问车辆的使用条件、使用性质、使用强度、故障率等，然后对所获得的有关信息进行分析，依据经验判断出车辆的损耗程度及贬值率的方法。

观察法对二手车技术状况的描述非常简单扼要，为了帮助评估人员更好地掌握二手车实体性贬值额的评估，本书参考国家有关评估协会给出的车辆实体状态与贬值率之间的对应关系，结合二手车的实际情况编制了贬值率参数表4-3，供相关人员在实际评估工

作中使用。

表 4-3　实体性贬值率参数表

等级	车　辆　状　况	贬值率 α_p/%
全新	全新车，待出售，尚未使用，状态极佳	0
		5
很好	车辆很新，只轻微使用过，无须任何修理或换件	10
		15
良好	半新车辆，但经过维修或更换过一些易损件，状态良好，故障率很低，可随时出车使用	20
		25
		30
		35
一般	车辆已陈旧，需要进行某些修理或更换一些零部件，才能恢复原设计性能，在用状况良好，外观中度受损，但恢复情况良好	40
		45
		50
		55
		60
尚可使用	处于可运行状态的旧车，需要大量修理或更换零部件，故障率上升、可靠性下降，外观油漆脱落、锈蚀程度明显，技术状况较差	65
		70
		75
		80
状况不良	经过多次修理的老旧车辆，需要大修并更换运动机件或主要结构件后方可使用	85
		90
报废	除了基本材料的废品回收价值外，已达规定使用年限，车辆已丧失使用功能	95
		100

(2) 寿命比率法。寿命比率法也叫使用年限法，是从使用寿命的角度来估算实体性贬值率的方法。寿命比率法用于在机动车辆规定的使用寿命期内，其价值与使用寿命成正比关系的前提下，对车辆贬值率进行计算。通常，机动车的实体性贬值率用机动车的使用寿命消耗量与规定使用寿命之比来表示，计算公式为

$$\alpha_p = \frac{T_1}{T} \times 100\% \tag{4-6}$$

式中，α_p 为实体性贬值率(%)，T_1 为使用寿命期(或已使用年限)，T 为规定使用寿命期(规定使用年限)。

机动车的使用寿命可用使用时间和行驶里程来表示，我国颁布的《机动车强制报废标准规定》限定了汽车的使用年限和行驶里程，只要车辆达到规定年限或行驶里程，就要报废(不考虑延长期)。因此，只要确定了汽车的规定使用年限和里程及已使用年限和里程，就可计算出汽车的实体性贬值率。目前，在我国二手车评估中，一般采用年限来表示已使用寿命和规定使用寿命。

【例 4-3】某一自用轿车的规定使用年限为 15 年，已使用 5 年，计算其实体性贬值率 α_p。

解 按式(4-6)可得该轿车的实体性贬值率为

$$\alpha_p = \frac{T_1}{T} \times 100\% = \frac{5}{15} \times 100\% \approx 33.3\%$$

若此车的重置成本 R 为 10 万元，按式(4-5)可得该轿车的实体性贬值额为

$$D_p = \alpha_p R = 33.3\% \times 10 \text{ 万元} = 3.33 \text{ 万元}$$

若该轿车只考虑其实体性贬值，不考虑其他贬值，则其现有价值为 6.67 万元。

2. 汽车的功能性贬值

1) 功能性贬值的概念

功能性贬值是由于科学技术的进步而导致的车辆的贬值，是汽车的一种无形损耗。这类贬值又细分为一次性功能贬值和营运性功能贬值。

一次性功能贬值是由于技术进步引起劳动生产率的提高，导致再次生产制造与原功能相同的车辆的社会必要劳动时间减少、成本降低而造成的原车辆价值贬值。营运性功能贬值是由于技术进步，出现了新的、性能更优越的车辆，致使原有车辆的功能相对新车型已经落后而引起的价值贬值。

2) 功能性贬值的估算

(1) 一次性功能贬值。

对目前在市场上能购买到的，且有制造厂家继续生产的全新车辆，一般认为该车辆的功能性贬值已包含在市场价中了。从理论上讲，同样的车辆其复原重置成本与更新重置成本之差即是该车辆的一次性功能贬值。但在实际评估工作中，具体计算某车辆的复原重置成本是比较困难的，一般用更新重置成本(即市场价)时已考虑其一次性功能贬值。

若待评估的车辆型号是现已停产或是国内自然淘汰的车型，没有实际的市场价，只有采用参照物的价格用类比法来估算。参照物一般采用替代型号的车辆。这些替代车辆的功能通常比原车型有所改进和增加，故其价值通常会比原车型的价格要高(功能性贬值大时，也有价格更低的)。故在与参照物比较，用类比法对原车型进行价值评估时，一定要了解参照物在功能方面改进或提高的情况，再按其功能变化情况测定原车辆的价值，总的原则是被替代的旧型号车辆价格应低于新型号的价格。评估这类车辆的主要方法是，设法取得该车型的市场现价或类似车型的市场现价。

例如，某一品牌车型，其复原重置成本为 15 万元，而更新重置成本为 12 万元，那么该车型的一次性功能贬值额 $D_{fl} = 15 \text{ 万元} - 12 \text{ 万元} = 3 \text{ 万元}$。需要注意的是，使用物价指数法获取的重置成本一般为复原重置成本，这是由于物价指数不能反映科学技术的进步因素所致的。

(2) 营运性功能贬值。

评估人员必须对被评估车辆与新型车辆的营运费用，即成本进行分析比较，才能较准确地计算出被评估车辆的营运性功能贬值。一般步骤如下：

① 选定参照物，即对比的车辆(一般为新近出厂的车辆)，找出营运成本有差别的量值；

② 确定被评估车辆还可继续使用的年限，计算每年的超额营运成本，即费用；

③ 查明应上缴的所得税率，计算税后净超额的营运成本；

④ 确定折现率，最后计算出超额营运成本的现值。

【例 4-4】 现有被评估车辆甲，其燃油经济性指标为 100 km 油耗量 23 L，平均每年

维修养护费用为 2.4 万元。以新出厂的同型车辆乙为参照物，乙车的燃油经济性指标为 100 km 油耗量 20 L，平均每年维修费用为 2 万元。甲、乙两车其他支出项目基本相同。被评估的车辆甲还可使用 5 年，每年平均出车日为 300 天，每天营运 250 km。按所得税率为 7%，适用的折现率为 10%，试计算被评估车辆的功能性贬值额(燃油价格为 7 元/L)。

解　① 甲车每年超额燃油消耗费用为

$$(23\ L - 20\ L) \times 7\ 元 \times \frac{250\ km}{100\ km} \times 300 = 15\ 750\ 元$$

② 甲车每年超额维修养护费用为

$$24\ 000\ 元 - 20\ 000\ 元 = 4\ 000\ 元$$

③ 甲车每年超额营运成本为

$$15\ 750\ 元 + 4\ 000\ 元 = 19\ 750\ 元$$

④ 按所得税率 7% 计，则甲车每年税后超额营运成本为

$$19\ 750\ 元 \times (1 - 7\%) = 18\ 367.5\ 元$$

⑤ 计算 5 年的超额营运成本的折现值。按折现率 10% 计，5 年的年金现值系数为 3.790 8，净超额营运成本的折现值便为甲车的营运性功能贬值额，即

$$D_{\mathrm{f}} = 18\ 367.5\ 元 \times 3.790\ 8 = 69\ 627.5\ 元$$

3. 汽车的经济性贬值

1) 经济性贬值的概念

经济性贬值是指由于外部经济环境变化造成的车辆贬值。所谓外部经济环境，是指宏观经济政策、市场需求、通货膨胀、环境保护等。经济性贬值是由于外部环境而不是车辆本身或内部因素所引起的。外部因素对车辆价值的影响不仅是客观存在的，而且不可忽视。这些影响大多数情况是负面的，会使车辆产生贬值；有时是正面的，会使车辆产生增值。

2) 经济性贬值的估算

引起经济性贬值的因素较多，有的还不太好进行精确计算，所以经济性贬值计算的准确性也差一些。现举一例，以帮助大家理解经济性贬值的含义及其计算方法。

【例 4-5】　2012 年颁布的《机动车强制报废标准规定》中，规定小型出租车使用年限为 8 年。北京市 2013 年调整使用年限为 6 年。试计算调整报废标准后，该车型的经济性贬值额。

解　先计算其经济性贬值率，即

$$\alpha_{\mathrm{e}} = \frac{8\ 年 - 6\ 年}{8\ 年} \times 100\% = 25\%$$

如果该车型的重置成本为 12 万元，则其经济性贬值额为

$$D_{\mathrm{e}} = \alpha_{\mathrm{e}} R = 12\ 万元 \times 25\% = 3\ 万元$$

有的经济性贬值的计算比较复杂、困难。在二手车评估中，一般对经济性贬值不做详细计算，只是在评估时酌情考虑其对被评估车辆的影响。

(四) 成新率的估算

在二手车评估时，对价值不同的二手车，建议采用与之相适应的方法计算成新率。成

新率的计算方法分别有使用年限法、综合分析法、部件鉴定法和综合成新率法。

1. 使用年限法

使用年限法采用使用年限来计算成新率 γ，其计算公式为

$$\gamma = \left(1 - \frac{T_1}{T}\right) \times 100\% \tag{4-7}$$

一般情况下，已使用年限 T_1 常取从新车在公安机关交通管理部门注册登记之日起至评估基准日为止的年数；规定使用年限 T 则按《机动车强制报废标准规定》来确定。

国家规定延期报废的汽车不准转籍过户，评估时就不考虑延期报废的延长使用年限。被评估的汽车在可正常使用的情况下，可应用式(4-7)计算成新率。若非正常使用，则在此方法的基础上，还应考虑进行修正或调整，使其成新率降低，以符合实际使用情况。例如，经常超载的车辆，其成新率就应该比同样使用年限而未超载的车辆低。所以，在应用式(4-7)时，不能单纯考虑使用年限，还要注意汽车的使用情况。

【例4-6】 一辆出租车已经使用了 4 年，其规定使用年限为 8 年，试使用年限法计算其成新率。

解 利用公式(4-7)，有

$$\gamma = \left(1 - \frac{T_1}{T}\right) \times 100\% = \left(1 - \frac{4 \, 年}{8 \, 年}\right) \times 100\% = 50\%$$

2. 综合分析法

综合分析法是在使用年限法的基础上，再综合考虑影响二手车价值的多种因素，以系数进行调整和修正，从而确定成新率 γ 的一种方法，其计算公式为

$$\gamma = \left(1 - \frac{T_1}{T}\right) \times \beta \times 100\%$$

式中，β 为综合调整系数。

用综合分析法来确定成新率的关键是求出综合调整系数 β。β 的确定可借助表 4-4 所推荐的各项影响因素的系数值，再用加权平均的方法求得。

表 4-4　综合调整系数表

影响因素	等　级	调整系数	权重/%
技术状况	好	1.0	30
	较好	0.9	
	一般	0.8	
	较差	0.7	
	差	0.6	
维护	好	1.0	25
	较好	0.9	
	一般	0.8	
	较差	0.7	

续表

影响因素	等级	调整系数	权重/%
制造质量	进口车	1.0	20
	国产名牌车	0.9	
	进口非名牌车	0.8	
	国产非名牌、走私罚没车	0.7	
工作性质	私用	1.0	15
	公务、商务	0.7	
	营运	0.5	
工作条件	较好	1.0	10
	一般	0.8	
	较差	0.6	

影响因素和相应调整系数的选取需注意：

(1) 车辆技术状况系数是在对车辆进行技术状况鉴定的基础上，对车辆影响因素进行分级，然后取调整系数来对使用年限法求出的成新率进行修正。技术状况系数的取值范围为 0.6～1.0。技术状况好的取上限，反之取下限。对于还有 1～2 年就要报废的车辆，技术状况很差时，下限还可低些。技术状况最好的车辆，取值一般不超过 1.0。

(2) 车辆的维护因素反映使用者对车辆维护的水平，这个因素对不同使用者，差别可能较大，其系数的取值范围推荐为 0.7～1.0。

(3) 车辆制造质量因素是根据目前汽车制造业的水平来划分等级，并确定其系数的取值范围的。一般把经正规手续进口的车辆视为优于国产名牌车辆，作为顶级制造质量的车辆。随着国内汽车生产水平的提高，汽车零部件国产化率不断提高，与国外的差距正在逐渐缩小。制造质量系数的取值范围定为 0.7～1.0。

(4) 车辆的工作性质不同，其使用强度相差较大。家庭生活用车一般工作强度较低，而营运性车辆，工作强度非常高，两者差距很大，故把调整系数的取值范围定为 0.5～1.0。

(5) 车辆的工作条件。由于我国地域辽阔，自然和道路条件差别也较大，其对车辆的影响也不可忽视。一般在大、中城市，道路条件较好，而在乡村、山区、边远地区，道路条件较差。自然条件主要是指寒冷、沿海、高原、风沙等，在这些条件较差的地区使用车辆，对车辆的寿命和成新率也有相当大的影响。因此，调整系数的取值范围定为 0.6～1.0。

按表 4-4 中所列的 5 项影响因素分别选取一个调整系数，然后与相应的权重百分比相乘，得到各影响因素的权重系数，最后将获得的 5 项权重系数相加，其和即为 β。将 β 的数值代入成新率计算公式，就可获得成新率的值。

【例 4-7】某人有一辆自用帕拉丁越野车要出售，已知初次登记日为 2017 年 4 月，2022 年 4 月欲将此车对外转让。该车常年行驶在市区或郊区，工作条件较好，外观检查时发现日常维护保养一般，车辆的技术状况较差。试确定该车的综合调整系数及成新率。

解　(1) 该车已使用 5 年，根据《机动车强制报废标准规定》，自用车无使用年限规定，但超过 15 年的私家车进行交易时，交易市场上基本按报废车的价格出价，所以这里使用年限还是按 15 年计算。

(2) 综合调整系数的计算如下：

该车技术状况较差，调整系数取 0.7，权重为 30%；

维护保养一般，调整系数取 0.8，权重为 25%；

制造质量国产品牌车，调整系数取 0.9，权重为 20%；

工作性质私家车，调整系数取 1.0，权重为 15%；

工作条件较好，调整系数取 1.0，权重为 10%。

计算的综合调整系数为

$$\beta=0.7\times30\%+0.8\times25\%+0.9\times20\%+1.0\times15\%+1.0\times10\%=84\%$$

(3) 计算的成新率为

$$\gamma=\left(1-\frac{T_1}{T}\right)\times\beta\times100\%=\left(1-\frac{5\text{年}}{15\text{年}}\right)\times84\%\times100\%=56\%$$

3. 部件鉴定法

部件鉴定法是针对组成车辆各总成部件及其在整车中的重要性和所占整车的价值量的大小，计算出相应的权分成新率，再把各部件的权分成新率相加，获得整车成新率的方法。

汽车生产厂家多，型号类型也多，不同的厂家、不同的型号往往生产的产品差异很大，其主要的差异在于所选用的发动机、变速器、制动系统及仪表等总成部件的配套厂家、性能、型号，如有的采用进口件，有的采用国产件，有的采用品牌产品，有的采用一般厂家的产品。因此，在评估时，每一个组成部分均要综合考虑其技术状况、制造质量等，来确定各组成部件的调整系数，然后根据各组成部分所占的权重，求取综合调整系数。

各组成部件的权重表见表 4-5。对于调整系数的获取主要考虑各部件的技术状况、维护保养情况、制造质量和工作条件，鉴定评估人员在实际评估工作中可以参考。

表 4-5　机动车各总成部件的权重表

总成部件名称	车型 权重/%		
	轿车	客车	货车
发动机及离合器总成	25	28	25
变速器及传动轴总成	12	10	15
前桥及转向器前悬架总成	9	10	15
后桥及后悬架总成	9	10	15
制动系统	6	5	5
车架总成	0	5	6
车身总成	28	22	9
电器设备及仪表	7	6	5
轮胎	4	4	5

4. 综合成新率法

综合成新率的计算方法如下：

$$e=y\times\alpha+t\times\beta \tag{4-8}$$

式中，e 为综合成新率，y 为年限成新率，t 为技术鉴定成新率，α 为技术鉴定成新率系数，β 为年限成新率系数；$t\times\beta$ 相当于实体性陈旧贬值与功能性陈旧贬值后，车辆剩余的价值率；$y\times\alpha$ 相当于经济性陈旧贬值后，车辆剩余的价值率。其中，$\alpha+\beta=1$。

年限成新率的计算公式：

$$y=\frac{N}{n} \tag{4-9}$$

式中，N 为预计车辆剩余使用年限，n 为车辆使用年限(非营运乘用车使用年限 15 年，超过 15 年的按实际年限计算；营运车辆、有使用年限规定的车辆按实际要求计算)。

技术成新率的计算公式：

$$t=\frac{X}{100} \tag{4-10}$$

式中，X 为车辆技术状况分值。

依据《二手车鉴定评估技术规范》，由评估人员对车辆现场勘查，按照车身、发动机舱、驾驶舱、启动、路试、底盘等项目顺序检查车辆技术状况，根据检查结果确定车辆各个鉴定项目技术状况的分值。总分值 X 为各个鉴定项目分值的累加，满分 100 分。

综合成新率法是一种定量和定性相结合的方法，也是一种较为科学的方法。

二、现行市价法

现行市价法，是指通过比较被评估车辆与最近售出类似车辆的异同，并将类似车辆的市场价格进行调整，从而确定被评估车辆价值的一种评估方法。

运用现行市价法，重要的是要能够找到与被评估车辆相同或相类似的参照物，并且参照物是近期的、可比较的。所谓近期，即指参照物交易时间与车辆评估时间相近，一般在一个季度之内。所谓可比，即指车辆在规格、型号、功能、性能、内部结构、新旧程度、使用条件及交易条件等方面相近。

现行市价法是最直接、最简单的一种评估方法。这种方法的基本思路是通过市场调查选择一个或几个与评估车辆相同或类似的车辆作为参照物，分析参照物的配置异同、技术状况、新旧程度、区域差别、使用条件、使用强度、交易条件及成交价格等，并与评估车辆一一对照比较，找出两者的差别及差别所反映的价格差额，经过调整，计算出被评估车辆的价格。

(一) 现行市价法常用的几个概念

1. 参照物

参照物是指公开市场上与被评估资产相同或类似的资产。相同或类似是指在使用功能、地域、时间等方面相同或类似。选择的参照物应有若干个，参照物越多，估算的评估价值就越合理。

参照物的交易是在公开市场下进行的。公开市场意味着交易双方在平等的条件下进行交易，交易价格具有合理性，能够作为估算被评估资产价值的依据。如果参照物的交易不在公开市场下进行，则其交易价格就不能作为估算被评估资产价值的依据。

参照物的市场交易价格存在时间差异、地域差异和功能差异等，则不能将参照物的价格直接作为被评估资产的价值，而需要采用一定的方法，对这些可能影响被评估资产价值的因素进行鉴定并加以量化，从而在参照物市场价格的基础上，调整被评估资产的价值。

2. 交易价格

交易价格是指在公开市场上，参照物的成交价或标价。成交价是市场上与评估基准日在时间上最为接近的参照物已实现的价格，是参照物的最合理价格。标价是指参照物在公开市场上的售出标价，由于这个售价不是成交价，因此不能说明是市场的实际交易价格。

作为参照物的价格最好是成交价，如果没有成交价，可以参考标价，但要慎重地进行综合分析。

3. 差异调整

差异调整是指由于参照物与被评估资产在功能、成交地域、成交时间等方面存在的差异，而需要进行的调整。调整方法是找出差异因素，加以量化，确定出一个综合调整系数，对参照物的价格进行调整。

1) 功能差异

功能差异是指参照物与被评估资产在性能、用途、外观等方面存在的差异。

2) 时间差异

时间差异是指参照物的成交时间与评估基准日之间的时间间隔差异。评估价值是资产在评估基准日的时点价值，因此，参照物的成交时间应尽量与评估基准日接近。如果时间相差过长，在这段时间内汽车行情、车辆政策、利率等因素都可能发生变化，给评估值带来影响，因此，需要对由于时间差异所带来的影响进行调整。

3) 地域差异

地域差异是指参照物的成交价与被评估车辆所处地域之间的差异。如果参照物的成交地域在异地，而不同地域汽车市场价格会有差异，还有被评估资产存在运输费、运输途中其他费用等，因此，需要对参照物的价格进行地域差异的调整。

(二) 现行市价法应用的前提条件及评估步骤

现行市价法需要有一个充分发育、活跃的二手车交易市场，有充分的参照物可取。参照物及其与被评估车辆有可比较的指标，技术参数等资料是可收集到的，并且价值影响因素明确，可以量化。

现行市价法的评估步骤如下。

1. 收集被评估车辆的资料

收集资料包括了解车辆的类别、名称、车辆型号和性能、生产厂家及出厂年月等，了解车辆的用途、目前的使用情况，并对车辆的性能、新旧程度等进行必要的技术鉴定，以获得被评估车辆的主要参数、实际技术状况以及尚可使用的年限等，为市场数据资料的收集及参照物的选择提供依据。

2. 寻找参照物

参照物一般选择二手车交易市场上可进行类比的车辆。车辆的可比性因素主要包括类别、型号、用途、结构、性能、新旧程度、成交数量、成交时间、付款方式等。按以上可比性因素选择参照对象，一般选择与被评估对象相同或相似的 3 个以上的交易案例。

寻找参照物是运用现行市价法的基础，对参照物的基本要求有：

(1) 达到基本数量要求。一两个交易案例不能完全反映市场行情，目前我国一般要求至少有 3 个交易案例，国外在正常情况下要求至少有 4～5 个交易案例。

(2) 参照物的成交价必须真实，即必须是实际成交价。报价、拍卖底价等均不能视为成交价，它们不是实际交易的结果。

(3) 参照物的成交应是正常交易的结果。关联交易、特别交易不能反映市场的行情，不能被选作参照物。如果能将非正常交易修正为正常交易，如能够获得关联交易的成交价高于或低于市场价多少的信息，则可选用。此外，还要求参照物的成交时间应尽可能接近评估基准日，以提高参照物成交价的可参照程度。

(4) 参照物与被评估车辆之间大体可替代。即要求参照物与被评估车辆要尽可能类似，如品牌型号相同、功能相似、出厂日期相近等。

参照物可比性因素包括：

① 车辆型号。

② 车辆制造厂家。

③ 车辆来源，如是私用、公务、商务车辆，还是营运出租车辆。

④ 车辆使用年限、行驶里程数。

⑤ 车辆现实技术状况。

⑥ 市场状况。例如，市场处于衰退萧条，还是复苏繁荣状况；供求关系是买方市场，还是卖方市场。

⑦ 交易动机和目的。车辆出售是以清偿为目的还是以淘汰转让为目的，买方是获利转手倒卖还是购买自用，不同情况下交易作价往往有较大的差别。

⑧ 车辆所处的地理位置。不同地区的交易市场，同样车辆的价格会有差别。

⑨ 成交数量。单台交易与成批交易的价格会有一定差别。

⑩ 成交时间。应尽量采用近期成交的车辆作类比对象。由于市场随时间的变化，价格有时波动较大。

3. 差异调整

被评估车辆与参照物之间的各种可比因素，应尽可能地予以调整。具体包括销售时间差异、车辆性能差异、新旧程度差异、销售区域差异和交易情况差异调整。

(1) 销售时间差异调整。参照物的成交日期与被评估车辆的评估基准日不在同一时期，这段间隔期内参照物价格变动会对被评估车辆评估值产生影响。时间因素调整的方法可以采用定基物价指数法，也可以采用环比物价指数法。一般地，当资产价格处于上升期间时，时间因素调整系数大于 1；反之，时间因素调整系数则小于 1。

(2) 车辆性能差异调整。评估人员可以通过功能系数法计算功能差异对评估值的影响，如同品牌、同车型中自动挡车辆与手动挡车辆，价格相差多少。

(3) 新旧程度差异调整。一般有形资产都会存在有形损耗的问题，有形损耗率越高，资产的价值就越低。因此，如果参照物的成新率比被评估资产低，就需要将参照物的成交价向上调，即调整系数大于 1；反之，则需将参照物的成交价向下调，即调整系数小于 1。

(4) 销售区域差异调整。如果参照物所在区域条件比被评估车辆所在区域价格要高，则需要将参照物的成交价向下调，即区域因素调整系数小于 1；反之，则向上调，即区域因素调整系数大于 1。

(5) 交易情况差异调整。交易情况差异调整是指：

① 由于参照物的成交价高于或低于市场正常交易价格所需进行的调整。

② 因融资条件差异所需进行的调整，即一次性付款和分期付款对成交价的影响。

③ 因销售情况不同所需进行的调整，即单件与批量购买对交易价格的影响。

4. 确定评估值

分别完成对各参照物成交价格差异因素的修正后，即可获得若干个调整值，将这些调整值进行算术平均或加权平均，最终确定评估值。

(三) 现行市价法的具体计算方法

现行市价法确定单台车辆价值通常采用直接法、类比法和成本比率法。

1. 直接法

直接法是指在市场上能找到与被评估车辆完全相同的车辆的现行市价，依其价格直接确定被评估车辆价格的一种评估方法。

直接法适用于以下两种情况：

(1) 被评估车辆与市场上已销售的二手车完全相同。完全相同，是指被评估车辆与参照物不仅在型号、功能、外观、用途、使用条件、时间条件等方面相同，在成新率上也完全相同。当被评估车辆与参照物完全相同时，参照物的价格可以直接作为被评估车辆的价值，而不需要做任何调整。在这种情况下的评估计算公式为

被评估车辆的评估价值＝参照物的交易价格

(2) 被评估车辆与市场上的全新汽车完全相同。这种情况与上一种情况的区别仅在于参照物为全新汽车，这种情况下，只需对成新率进行调整即可，评估计算公式为

被评估车辆的评估价值＝参照物(新车)的交易价格×被评估二手车的成新率

2. 类比法

类比法是指参照物与被评估车辆在型号、功能、外观、用途、使用条件、时间条件等方面类似的情况下，所采用的一种评估方法。

评估车辆时，在公开场合上找不到与之完全相同的车辆，但能找到与之类似的车辆，可以此为参照物，并依其价格再做相应的差异调整，从而确定被评估车辆的价格。所选参照物与评估基准日在时间上越近越好，实在无近期车辆，也可选择稍远期的，再做销售时间差异上的调整。

类比法可以运用于以下两种情况：

(1) 被评估车辆与市场上的参照物二手车类似。所谓类似，是指被评估二手车与参照物不仅在型号、功能、外观、用途、使用条件、时间条件等方面类似，而且成新率也类似。在这种情况下，进行以下几个步骤：

① 取得参照物的交易价格。

② 将被评估车辆与参照物在型号、功能、外观、用途、使用条件、时间条件等方面进行对比，取得综合调整系数。

③ 根据被评估车辆与参照物各自的成新率，计算出成新率调整系数。

④ 根据参照物的交易价格、综合调整系数以及成新率调整系数，估算被评估车辆的价值。

这种情况下的评估计算公式为

被评估车辆的评估价值＝市场交易参照物价格＋
$$\sum 评估对象比交易参照物优异的价格差额 - $$
$$\sum 交易参照物比评估对象优异的价格差额$$

或

被评估车辆的评估价值＝参照物的交易价格 × (1 ± 综合调整系数) × (1 ± 成新率调整系数)

(2) 被评估车辆与市场上的全新车辆(参照物)类似。这种情况与上一种情况的区别仅在于参照物为全新资产，其评估计算公式为

被评估车辆的评估价值＝参照物的交易价格 × (1 ± 综合调整系数) × 被评估车辆的成新率

【例4-8】 被评估车辆为帕萨特 A，成新率为70%。现选择类似的全新帕萨特 B 作为参照物，交易价格为 20 万元。经分析，新帕萨特 B 在功能、外观、用途和使用条件等方面优于帕萨特 A。请给出被评估车辆的评估值。

　解　经测算，综合调整系数为10%，则

帕萨特 A 的评估值＝新帕萨特 B 的交易价格 × (1 − 综合调整系数) × 成新率
$$= 20 万元 × (1 − 10\%) × 70\%$$
$$= 12.6 万元$$

3. 成本比率法

1) 成本比率法的概念

成本比率法是用二手车的交易价格与重置成本之比来反映二手车保值率的方法。这种方法是通过分析大量二手车市场交易的统计数据，得到同类型车辆的保值率(或贬值率)与其使用年限之间存在的基本相同的函数关系。也就是说，只要是属于同一类别的车辆，即使实体差异较大，但使用年限相同，那么它们的重置成本与二手车交易价格之比是很接近的。通过统计分析的方法，建立使用年限与二手车售价/重置成本之间的函数关系，以此来确定在二手车市场上无法找到基本相同或相似参照物的被评估车辆的评估值。

参照物市场的交易价格与其重置成本之比，称为成本比率，也可称为保值率，用 U 表示，有

$$U = \frac{P_0}{R_0} \times 100\%$$

式中，P_0 为参照物市场交易价格，R_0 为参照物的重置成本。

求出参照物的成本比率后，就可根据被评估对象的重置成本 R 来确定评估对象的评估值，即

$$P = U \times R \tag{4-11}$$

式中，P 为被评估对象的评估值。式(4-11)中的重置成本的确定与重置成本法中所述相同。

成本比率的确定要注意的是，参照物应为同类型的车辆，但级别、型号可以不同。此

外，参照物的使用年限应与被评估车辆相同，否则评估结果的准确性就要差些。

该方法的内涵是认为同类型的车辆，尽管车辆的型号、级别、生产规模、结构、配置等指标不同，但成本比率的变化规律应是相同的。如果找出了成本比率的变化规律，同时又能确定被评估对象的重置成本，则可通过计算得出被评估车辆的评估值。

例如，在评估某一品牌型号的轿车时，市场上找不到与之相同或相似的参照物，但能找到其他厂家生产的相近级别轿车作为参照物。且统计数据表明，与被评估车辆使用年限相同的相近级别轿车售价都是其重置成本的 45%~50%，就可认为被评估车辆的售价也是其重置成本的 45%~50%。

2）成本比率法的应用

通过对二手车市场大量的交易数据统计发现，同一类车辆的成本比率与使用年限之间存在基本相同的函数关系。也就是说，使用年限相同的同一类车辆，它们的成本比率很接近，可以只考虑使用年限的影响，而忽略其他因素，如实体性差异就未考虑，所以此法只适用于正常使用的车辆，对长期闲置或过度使用的车辆不适用。

表 4-6 为按使用年限不同求出的轿车综合成本比率，供评估时选用。

表 4-6　轿车的综合成本比率

已使用年限	1	2	3	4	5	6
综合成本比率/%	73.27	66.18	54.84	49.92	45.54	36.76
已使用年限	7	8	9	10	11	12
综合成本比率/%	31.58	27.33	25.33	19.13	16.95	15.10

【例 4-9】 有一轿车，已使用 8 年，一直正常使用，当前的重置成本为 11.8 万元，试用现行市价法中的成本比率法评估该车的价值。

解 该轿车已使用了 8 年，查表 4-6 得其综合成本比率为 27.33%。所以，该车辆的评估值为

$$P = U \times R = 27.33\% \times 11.8 \text{ 万元} = 3.224\ 94 \approx 3.2 \text{ 万元}$$

(四) 现行市价法的优缺点

现行市价法是相对最具客观性的评估方法，其评估值比较容易被交易双方理解和接受。因此，现行市价法是发达国家市场经济中运用最广泛的评估方法。但是，现行市价法的运用需要有一定的前提条件：一是对交易市场成熟度的要求；二是对被评估资产本身的要求，即被评估资产应是具有一定的通用性的资产，如核武器生产设备就无法用现行市价法评估。

现行市价法的优点：能够客观反映汽车目前的市场情况，其评估的参数、指标，直接从市场获得，评估值能反映市场现实价格，评估结果易于被各方面理解和接受。

现行市价法的缺点：需要公开及活跃的市场作为基础。可比因素多而复杂，即使是同一个生产厂家生产的同一型号的产品，同一天登记，由不同的车主使用，在使用强度、使用条件、维护水平等多种因素作用下，其实体损耗、新旧程度都不相同。

(五) 现行市价法对评估人员的要求

现行市价法要求评估人员经验丰富，熟悉车辆的鉴定评估程序、鉴定方法和市场交易

情况。

三、清算价格法

(一) 清算价格法的基本概念

清算价格法是以清算价格为标准，对二手车辆进行价格评估。所谓清算价格，指企业由于破产或其他原因，要求在一定的期限内将车辆变现，在企业清算之日预期出售车辆可收回的快速变现价格。

清算价格法在原理上基本与现行市价法相同，不同的是企业迫于停业或破产，急于将车辆拍卖、出售，清算价格往往大大低于现行市场价格。

(二) 清算价格法的适用范围和前提条件

1. 清算价格法的适用范围

清算价格法适用于企业或个人破产、财产抵押、停业清理时要出售的车辆。对于事业单位自用车辆，由于牵扯到资产和控购等方面的问题，一般不用这种方法来评估，私家车一般也不用这种方法。其主要适用范围如下：

(1) 企业破产。企业破产是指当企业或个人因经营不善造成严重亏损，不能清偿到期债务时，企业依法宣告破产。其全部财产依法清偿其所欠的债务时，破产企业拥有的车辆用清算价格法进行评估。

(2) 抵押。抵押是指以所有者车辆作为抵押物进行融资的一种经济行为，是合同当事人一方用自己特定的车辆向对方保证履行合同义务的担保形式。提供财产的一方为抵押人，接受抵押财产的一方为抵押权人。抵押人不履行合同时，抵押权人有权利将抵押车辆在法律允许的范围内变卖，从变卖抵押物价款中优先受偿。

(3) 清理。清理是指企业由于经营不善导致严重亏损，已临近破产的边缘或因其他原因无法继续经营下去，为弄清企业财务现状，对全部财产进行清点、整理和核查，为经营决策是破产清算或继续经营提供依据，以及因资产损毁、报废而进行清理、拆除等的经济行为。

2. 清算价格法的前提条件

清算价格法评估车辆价格的前提条件有以下几点：

(1) 以具有法律效力的破产处理文件或抵押合同及其他有效文件为依据。

(2) 车辆在市场上可以快速出售变现。

(3) 所卖收入足以补偿出售车辆的附加支出总额。

(三) 影响清算价格的主要因素

在汽车评估中，影响清算价格的主要因素有以下几个方面：

(1) 破产形式。如果企业丧失车辆处置权，出售一方无讨价还价的可能，那么买方出价决定车辆售价；如果企业未丧失处置权，出售车辆一方尚有讨价还价的余地，那么以双方议价决定售价。

(2) 债权人处置车辆的方式。按抵押时的合同契约规定执行，如公开拍卖或收回归己有。

(3) 清理费用。因破产等评估车辆价格时，应对清理费及其他费用给予充分考虑。

(4) 拍卖时限。拍卖时限长售价会高一点，时限短售价则会低些，这是由快速变现原则的作用所决定的。

(5) 公平市价。指车辆交易双方都满意的价格。在清算价格中，卖方满意的价格一般不易求得。

(6) 参照物价格。在市场上出售相同或类似车辆的价格。一般地说，市场参照车辆价格高，车辆出售的价格一般就会高，反之则低。

(四) 评估清算价格的方法

汽车评估清算价格的主要方法有以下几种：

1. 现行市价折扣法

现行市价折扣法指对清理车辆，首先在二手车市场上寻找一个相适应的参照物，然后根据快速变现原则估定一个折扣率，以此确定其清算价格。

例如，一辆捷达轿车，经调查在二手车市场上成交价为 5 万元，根据销售情况调查，折价 20%可以当即出售，则该车辆的清算价格为 5 万元×(1－20%)＝4 万元。

2. 模拟拍卖法

模拟拍卖法是根据向被评估车辆的潜在购买者询价的办法取得市场信息，最后经评估人员分析确定其清算价格的一种方法。

例如，有一辆前四后八的运输车辆，拟评估其拍卖清算价格，评估人员经过对 3 位有这种车辆的车主和 3 位销售员征询，其估价分别为 6 万元、7.3 万元、4.8 万元、5 万元、6.5 万元和 7 万元，平均价为 6.1 万元。考虑年关将至和其他因素，评估人员确定清算价格为 5.8 万元。

3. 竞价法

竞价法是指由法院按照法定程序(破产清算)或由卖方根据评估结果提出一个拍卖的底价，在公开市场上由买方竞争出价，谁出的价格高就卖给谁。

四、收益现值法

(一) 收益现值法的基本概念

收益现值法是将被评估的车辆在剩余寿命期内的预期收益，用适用的折现率折现为评估基准日的现值，以此确定车辆评估价格的一种方法。

收益现值法是基于这样的假设，即人们之所以购买某车辆，主要是考虑这辆车能为自己带来一定的收益。如果某车辆的预期收益小，它的价格就不可能高；反之，它的价格肯定就高。人们购买车辆的目的不在于车辆本身，而在于车辆获利的能力，一般对营运车辆的评估多用收益现值法。

(二) 收益现值法运用的前提条件

运用收益现值法评估车辆的价值，需要满足一定的前提条件，条件如下：

(1) 被评估车辆必须是经营性车辆，具有继续经营、不断获得收益的能力。

(2) 被评估的二手车继续经营收益能够而且必须用货币金额来表示，预期获利期限是可预测的。

(3) 影响被评估车辆未来经营风险的各种因素能够转化为数据加以计算，体现在折现率中。

(三) 收益现值法的评估程序和评估值的计算

1. 收益现值法的评估程序

(1) 调查、了解营运车辆的经营行情，营运车辆的经营成本结构。

(2) 充分调查了解被评估车辆的情况和技术状况。

(3) 确定被评估车辆的预期收益、折现率等评估参数。

(4) 将预期收益折现处理，确定二手车评估值。

2. 收益现值法评估值的计算

收益现值法评估值的计算，实际上就是对被评估车辆未来预期收益进行折现的过程。所谓折现，就是将未来的收益，按照一定的折现率，折算到评估基准日的现值。

使用收益现值法评估的二手车价值是指评估基准日这一时点的价值，但收益是在未来某个时间发生的，故需要对未来不同时间产生的收益或者支出的费用进行时间价值的计算，即将未来的收益和支出的费用换算为评估基准日这一时点的价值。进行时间价值的计算，并换算成评估基准日这一时点价值的过程称为折现，所使用的换算比率就称为折现率。

综上所述，收益现值法中被评估车辆的评估值等于其剩余寿命内各期的收益现值之和。故被评估车辆的评估值可通过如下公式计算：

$$P = \sum_{t=1}^{n} \frac{A_t}{(1+i)^t}$$

式中，P 为被评估车辆的评估值；t 为收益期数；A_t 为未来第 t 个收益期的收益额，如果收益期为一年，通常称为年金；n 为收益期数，一般指车辆剩余的使用年限；i 为折现率。

当上式中 $A_1 = A_2 = \cdots = A_n = A$ 时，有

$$P = A \times \sum_{t=1}^{n} \frac{1}{(1+i)^t}$$

(四) 收益现值法各评估参数的确定

1. 收益期限的确定

二手车的收益期限主要指的是剩余经济寿命期，即从评估基准日到车辆到达报废的年限。对于各类汽车来说，剩余寿命按《机动车强制报废标准规定》确定，在数值上等于规定使用年限与已使用年限的差值。

例如，某出租车初次登记日期为 2018 年 3 月，评估基准日为 2020 年 3 月。根据《机动车强制报废标准规定》，出租汽车使用年限为 8 年，已使用了 2 年，剩余使用年限为 6 年，

其收益期限为 6 年。

2. 预期收益的确定

预期收益的测算是基于对过去历史数据的分析，同时考虑车辆在未来可能发生的有利和不利因素来确定的。

收益现值法中，收益额的确定是关键。收益额的确定应把握以下两点：

(1) 收益额指的是未来车辆使用带来的收益期望值，是通过预测、可行性分析获得的。判断某车辆是否有价值，首先应判断该车辆是否会带来收益。对其收益的判断，不仅仅是看现在的收益能力，更重要的是预测未来的收益能力。预期收益不是现实收益，所以投资有一定的风险。

(2) 车辆评估通常选择税后利润为其收益额。

3. 折现率的确定

欲购买二手车投入营运的投资者，在投入营运的未来一定时期内可以获得二手车给其带来的收益。但要获得这笔收益，投资者现在必须付出一定的代价。

折现率是将未来的预期收益折算成现值的比率，在内涵上折现率可视为投资中对收益流要求的回报率，需考虑投资的机会成本和收益的不确定性。

(1) 折现率的构成。折现率也称预期报酬率、回报率、收益率。评估中的折现率由两部分构成：一部分是无风险报酬率，另一部分是风险报酬率，可用公式表示为

$$i = i_1 + i_2$$

式中，i_1 为无风险报酬率，i_2 为风险报酬率。

(2) 折现率各参数的选取。目前，我国的资产评估通常以银行定期存款利率为安全利率，也有以国债利率作为无风险报酬率的考量标准。国际上，普遍以长期国债利率作为安全利率。在二手车评估中，可采用我国银行 5 年定期存款利率作为无风险报酬率。

风险报酬率是指冒风险投资所得风险补偿额与风险投资额的比率。风险报酬率的确定比较复杂。风险有代价，人们把这一代价称作风险补偿或风险报酬，风险报酬计算方法这里不做介绍。

(五) 收益现值法的优缺点

如果收益现值法所使用的假设条件和基于假设条件选取的数据存在问题，那么由此进行的预测就不可能准确，评估结果也就失去了意义。因此，在收益现值法运用中如何坚持资产评估的客观、公正原则是十分重要的，它既需要评估人员具有科学的态度，又需要评估人员掌握预测收益和确定风险报酬率的正确方法。此外，收益现值法的运用也需具备一定的市场条件，否则一些数据的选取就会存在困难。

对于汽车评估采用收益现值法的优、缺点如下：

(1) 采用收益现值法的优点是与投资决策相结合，容易被交易双方接受，能真实和较准确地反映车辆本金化的价格。

(2) 采用收益现值法的缺点是预期收益额预测难度大，受较强的主观判断和未来不可预见因素的影响。

五、评估报告书

(一) 二手车评估报告书的概念和作用

1. 二手车评估报告书的概念

二手车评估报告书是二手车鉴定评估机构完成某一鉴定估价工作后，向委托方提供鉴定估价的依据、范围、目的、基准时间、评估方法、评估前提和评估结论等基本情况的公正性的工作报告，是二手车评估机构履行评估委托协议的总结。

二手车鉴定评估机构和二手车鉴定人员确定了评估对象的评估额后，应将评估结论写成评估报告书。二手车评估报告书是记述评估成果的文件，也可以看成评估人员提供给委托评估者的"产品"。二手车评估报告书的质量高低，除取决于评估结论和评估方法的准确性、参数确定的合理性之外，还取决于报告的格式、文字表述水平及印刷质量等。前者是评估报告书的内在质量，后者则是评估报告书的外在质量，两者不可偏废。

评估报告书不仅反映出二手车交易市场对被评估车辆作价的意见，而且也确认了二手车鉴定评估机构对所鉴定估价的结果应负的法律责任。

2. 二手车评估报告书的作用

二手车评估报告书对管理部门及交易的市场主体都是十分重要的。一份二手车评估报告书，不仅是一份评估工作的总结，也是其价格的公正性文件和资产交易双方认定资产价格的依据。二手车评估报告书的作用如下：

(1) 作为产权变动交易作价的基础材料。二手车评估报告书的结论可以作为车辆买卖交易谈判底价的参考依据，或作为投资比例出资价格的证明材料。特别是对涉及国有资产的二手车的客观、公正的作价，可以有效防止国有资产的流失，确保国有资产价格的客观、公正、真实。

(2) 作为各类企业进行会计记录的依据。按评估值对会计账目的调整必须经过有权机关的批准。

(3) 作为法庭辩论和裁决时，确认财产价格的举证材料。一般是指发生纠纷案时的资产评估，其评估结果可作为法庭做出裁决的证明材料。

(4) 作为支付评估费用的依据。当委托方(客户)收到评估资料及报告书后没有提出异议，即评估的资料及结果符合委托书的条款，委托方应以此为前提和依据向受托方的评估机构付费。

(5) 二手车评估报告书是反映和体现评估工作情况，明确委托方、受托方及有关方面责任的依据。二手车评估报告书采用文字的形式，对受托方进行机动车评估的目的、背景、产权、依据、程序、方法等过程和评定的结果进行说明和总结，体现了评估机构的工作成果。二手车评估报告书也反映和体现了受托的机动车评估结果与鉴定估价师的权利和义务，并以此来明确委托方和受托方的法律责任。撰写评估报告书赋予机动车估价师在评估报告上签字的权利。

(二) 二手车评估报告书的类型

二手车评估报告书分为定型式、自由式与混合式三种。

1. 定型式

定型式二手车评估报告书采用固定格式、固定内容，评估人员必须按要求填写，不得随意增减。其优点是通用性好，写作省时、省力；缺点是不能根据评估对象的具体情况深入分析某些特殊事项。如果能针对不同的评估目的和不同类型的机动车给出相应的定型式二手车评估报告书，则可以在一定程度上弥补这一缺点。

2. 自由式

自由式二手车评估报告书又称开放式二手车评估报告书，是由评估人员根据评估对象的情况而自由创作，无一定格式的二手车评估报告书。其优点是可深入分析某些特殊事项，缺点是易遗漏一般事项。

3. 混合式

混合式二手车评估报告书兼取前两种二手车评估报告书的格式，兼顾了定型式和自由式两种报告的优点。

一般来说，专案案件采用自由式为优，例行案件采用定型式为佳。《二手车鉴定评估技术规范》(GB/T 30323—2013)，推荐使用定型式二手车评估报告书，其规范格式样本见本学习情境"操作训练"中的"二手车鉴定评估案例"。

(三) 二手车评估报告书的基本要求与内容

二手车评估报告书应客观、公正、翔实地记载评估的过程和结果。如果仅以结论告知，必然会使委托评估者或二手车评估报告书的其他使用者心理上的信任度降低。二手车评估报告书的用语要力求准确、肯定，避免模棱两可或易生歧义的文字。对于难以确定的事项应在报告中说明，并描述其可能影响二手车价格的情形。

二手车评估报告书不管采取自由式，还是定型式或混合式，其报告内容必须至少记载以下事项：

(1) 委托评估方名称。应写明委托方、委托联系人的名称、联络电话及住址，指出车主的名称。

(2) 受理评估方名称。主要是写明评估机构、评估人员的资质和名称。

(3) 评估对象概括。应简要写明纳入评估范围车辆的厂牌型号、号牌号码、发动机号、车辆识别代号/车架号、注册登记日期、年审检验合格有效日期、购置税证号、车船税和保险费缴纳有效期，特别是对车辆的使用性质及法定使用年限有定量的结论。

(4) 评估目的。应写明二手车评估是为了满足委托方的何种需要，及其所对应的经济行为类型。

(5) 评估基准日。指委托要求的基准日，式样为"鉴定评估基准日是×××年××月××日"。

(6) 评估依据。一般可划分为法律法规依据、行为依据、产权依据和取价依据。法律法规依据应包括车辆鉴定评估的有关法条、文件，以及涉及车辆评估的有关法律、法规等。行为依据主要是指二手车鉴定评估委托书及载明的委托事项。产权依据指必须明确委托鉴定评估车辆的产权归属，非机动车所有人经办的必须有正式的委托书。取价依据为鉴定评估机构收集的国家有关部门发布的技术资料和统计资料，以及评估机构经市场调查取得的询价资料和相关技术参数资料。

(7) 评估采用的方法，包括技术路线和测算过程。应简要说明评估人员在评估过程中选择并使用的评估方法，并阐述选择该方法的依据或者原因。如选用两种或两种以上的方法，应当说明原因，并详细说明评估计算方法的主要步骤。

(8) 评估结论，即最终的评估额。应同时有大小写，且数额一致。

(9) 决定评估额的理由，应详细说明。

(10) 说明事项。评估前提及评估价应用的说明事项，包括应用时应注意的问题。二手车评估报告书中陈述的特别事项是指在已确定的前提下，评估人揭示在评估过程中已发现的可能影响评估结论，但非评估人员执业水平和能力评定估算的有关事项；提示二手车评估报告书使用者应注意特别事项对评估结论的影响；揭示鉴定评估人员认为需要说明的其他问题。

(11) 评估人员与评估对象有无利害关系的说明。参与评估的人员与评估对象有无利害关系的说明需撰写清楚。

(12) 评估作业日期。进行评估的期间，是指从何时开始评估作业至何时完成评估作业。

(13) 附属资料。如评估对象的评估鉴定委托书、产权证明(机动车登记证、车辆行驶证)、购置税、评估人员和评估机构的资格证明等。

(四) 二手车评估报告书的编写步骤

二手车鉴定评估程序包括接受委托，核查证件，核查税费缴纳凭证，给车辆拍照，技术鉴定，价值评估和撰写、提交报告等过程。二手车评估报告书的编写步骤如下：

(1) 接受委托。评估鉴定人员必须了解委托方本次评估的委托目的和要求，包括明确评估基准日，对车辆的大致情况有所了解，做到心中有数。需要仔细填写二手车鉴定评估委托书。

(2) 核查证件。包括委托方是否具有对车辆的处置权，标的的合法性，识别盗抢、走私、拼(组)装车，并防止此类车辆在市场上进行交易买卖。

(3) 核查税费缴纳凭证。各种税费缴纳凭证是否完全，是否在时效内。

(4) 给车辆拍照。照片需要真实反映标的轮廓及车身颜色。

(5) 技术鉴定。这是体现评估人员技术水平高低的重要环节。评估人员应仔细勘察车辆的实际技术状况，包括车辆的配置，受损情况等，并仔细填写二手车鉴定评估作业表。将勘察情况告知委托方代表，并要求其在勘察表上签名，然后勘察人员签名。

(6) 价值评估和撰写、提交报告。在完成上述五个阶段后，进入价值评估和撰写、提交报告阶段。在此阶段应首先选择评估方法，然后按评估方法的原理要求，根据评估机构掌握的资料，取重置还是选择参照物。其技术参数和资料来源于市场调查。在完成评估数据的分析和讨论，并对有关数据进行调整后，由具体参加评估的二手车鉴定评估师拟出二手车评估报告书。将评估的基本情况和评估报告初稿的初步结论与委托方交换意见，听取委托方的反馈意见后，在坚持独立、客观、公正的前提下，认真分析委托方提出的问题和意见，考虑是否应该修改二手车评估报告书，对二手车评估报告书中存在的疏忽、遗漏和错误之处进行修正，待修正完毕即可撰写出正式的二手车评估报告书。经过审核无误，按以下程序进行签名盖章：先由负责该项目的注册二手车鉴定评估师签单，再送复核人审核签单，最后送评估机构负责人审定签单并加盖机构公章。

(五) 二手车评估报告书的格式

根据《二手车鉴定评估技术规范》(GB/T 30323—2013)，二手车评估报告书的示范文本如下：

二手车鉴定评估报告书(示范文本)

××××鉴定评估机构评报字(20　　年)第××号

一、绪言

_____ (鉴定评估机构)接受_____的委托，根据国家有关评估及《二手车流通管理办法》和《二手车鉴定评估技术规范》的规定，本着客观、独立、公正、科学的原则，按照公认的评估方法，对牌号为_____的车辆进行了鉴定。本机构鉴定评估人员按照必要的程序，对委托鉴定评估的车辆进行了实地查勘与市场调查，并对其在_____年____月____日所表现的市场价值作出公允反映。现将该车辆鉴定评估结果报告如下。

二、委托方信息

委托方：_____

委托方联系人：_____

联系电话：_____

车主姓名/名称：____(填写机动车登记证书所示的名称)____

三、鉴定评估基准日_____年_____月_____日

四、鉴定评估车辆信息

厂牌型号：_____　　牌照号码：_____

发动机号：_____　　车辆 VIN 码：_____

车身颜色：_____　表征里程：_____　初次登记日期：_____

年审检验合格至：_____年_____月　　交强险截止日期：_____年_____月

车船税截止日期：_____年_____月

是否查封、抵押车辆：□是 □否　　车辆购置税(费)证：□有 □无

机动车登记证书：　□有 □无　　机动车行驶证：　□有 □无

未接受处理的交通违法记录：□有 □无

使用性质：□公务用车 □家庭用车 □营运用车 □出租车 □其他：_____

五、技术鉴定结果

技术状况缺陷描述：_____

_____

重要配置及参数信息：_____

技术状况鉴定等级：_____　等级描述：_____

六、价值评估

价值估算方法：□现行市价法 □重置成本法 □其他_____

计算过程：_____

_____

价值估算结果：车辆鉴定评估价值为人民币_____元，金额大写：_____

七、特别事项说明[1]

八、鉴定评估报告法律效力

本鉴定评估结果可以作为作价参考依据。本项鉴定评估结论有效期为90天，自鉴定评估基准日至_____年_____月_____日止。

九、声明

(1) 本鉴定评估机构对该鉴定评估报告承担法律责任。

(2) 本报告所提供的车辆评估价值为评估基准日的价值。

(3) 该鉴定评估报告的使用权归委托方所有，其鉴定评估结论仅供委托方为本项目鉴定评估目的使用和送交二手车鉴定评估主管机关审查使用，不适用于其他目的，否则本鉴定评估机构不承担相应法律责任；因使用本报告不当而产生的任何后果与签署本报告书的鉴定评估人员无关。

(4) 本鉴定评估机构承诺，未经委托方许可，不将本报告的内容向他人提供或公开，否则本鉴定评估机构将承担相应法律责任。

附件：

一、二手车鉴定评估委托书

二、二手车鉴定评估作业表

三、车辆行驶证、机动车登记证书证复印件

四、被鉴定评估二手车照片(要求外观清晰，车辆牌照能够辨认)

二手车鉴定评估师(签字、盖章)   复核人[2](签字、盖章)

  年 月 日   (二手车鉴定评估机构盖章)

                年 月 日

[1] 特别事项是指在已确定鉴定评估结果的前提下，鉴定评估人员认为需要说明在鉴定过程中已发现可能影响鉴定评估结论，但非鉴定评估人员执业水平和能力所能鉴定评估的有关事项以及其他问题。

[2] 复核人是指具有高级二手车鉴定评估师资格的人员

备注：

1. 本报告书和作业表一式三份，委托方二份，受托方一份；

2. 鉴定评估基准日即为二手车鉴定评估委托书签订的日期。

 操作训练

一、二手车评估方法的选择

二手车评估一般有四种基本方法，即重置成本法、现行市价法、清算价格法和收益现值法。这些方法各有特点，同时这些方法又是互相关联的。评估方法的多样性，可让鉴定评估人员选择适当的评估途径和合适的评估方法，有利于简捷、准确地确定被评估对象的价值。

(一) 二手车评估方法的区别

1. 重置成本法与收益现值法的区别

重置成本法与收益现值法的区别：前者是历史过程，后者是预期过程。

重置成本法比较侧重对车辆过去使用状况的分析。尽管重置成本法中的更新重置成本是现时价格，但重置成本法中的其他许多因素都是基于对历史的分析，再加上对现时价格的比较后得出的结论。如有形损耗就是基于被评估车辆的已使用年限和使用强度等因素来确定的。

与重置成本法相比，收益现值法的评估要素完全是基于对未来的分析。收益现值法不必考虑被评估车辆过去的情况，也就是说，收益现值法不把被评估车辆已使用年限和使用程度作为评估基础。收益现值法所考虑和侧重的是被评估对象未来能给投资者带来多少收益。预期收益的测定，是收益现值法的基础。

2. 重置成本法与现行市价法的区别

重置成本法是一种比较方法，它是将被评估车辆与全新车辆进行比较的过程，而且更侧重于比较车辆的性能方面。例如，评估一辆二手车时，首先要考虑重新购置一台全新车辆时需花多少成本，同时还需进一步考虑被评估车辆的折旧、功能、技术状况。只有当这些因素充分考虑后，才可能给汽车定价。上述过程都涉及与全新车辆的比较，没有比较就无法确定被评估车辆的价格。

现行市价法的出发点更多地表现在价格上，比较侧重价格的分析，因此对现行市价法的运用更强调市场化程度。如果市场很活跃，参照物就很容易取得，那么现行市价法所取得的结论就会更可靠。运用重置成本法时，也许只需有一个或几个类似的参照物即可；但是运用现行市价法时，必须有更多的市场数据。如果数据不足，那么现行市价法所得出的结论将受怀疑。

3. 收益现值法与现行市价法的区别

通过把现行市价法和收益现值法相结合起来评估车辆的价值，在市场发达的国家应用得相当普遍。

收益现值法中任何参数的确定，都具有人的主观性。因为预期收益、折现率等都是不可知的参数，但是这些参数在运用收益现值法评估车辆价值时必须明确，否则不能使用收益现值法。把收益现值法和现行市价法相结合起来使用，其目的在于降低评估过程中的人为因素，更好地反映客观实际，从而使车辆的评估更能体现市场观点。

4. 清算价格法与现行市价法的区别

清算价格法与现行市价法，都是基于现行市场价格确定车辆价格的方法。不同的是，用现行市价法确定的车辆价格，如果被出售者接受，而不被购买者接受，出售者有权拒绝交易；但用清算价格法确定的清算价格，若不能被买方接受，清算价格就失去意义。这就使得用清算价格法进行的评估，完全是一种站在购买方立场上的评估方法，在某种程度上，可以被认为是一种取悦购买方的评估方法。

(二) 二手车价值评估方法的适用范围

1. 现行市价法的适用范围

现行市价法的运用，首先必须以市场为前提，它是借助于参照物的市场成交价或变现价运作的(该参照物与被评估车辆相同或相似)。因此，一个发达活跃的车辆交易市场是现行市价法得以广泛运用的前提。

现行市价法的运用还必须以可比性为前提。可比性包括以下两个方面：

(1) 被评估车辆与参照物之间在型号、规格、用途、性能、新旧程度等方面应具有可比性。

(2) 参照物的交易情况(如交易目的、交易条件、交易数量、交易时间、交易结算方式等)与被评估车辆具有可比性。

2. 重置成本法的适用范围

重置成本法是汽车评估中的一种常用方法，它适用于能继续使用的汽车评估。对在用车辆，可直接运用重置成本法进行评估，无须进行较大的调整。运用现行市价法和收益现值法的客观条件受到一定的制约；而清算价格法仅在特定的条件下才能使用。因此，重置成本法在汽车评估中得到了广泛的应用。

3. 收益现值法的适用范围

运用收益现值法进行汽车评估的前提是被评估车辆具有独立的，能连续用货币计量的可预期收益。由于在汽车交易中，人们购买的目的往往不在于车辆本身，而是车辆的获利能力，因此该方法较适于从事营运的车辆。

4. 清算价格法的适用范围

清算价格法适用于企业破产、抵押、停业清理时要出售的车辆。

二、二手车价值评估方法的应用实例

(一) 重置成本法应用实例

【例 4-10】 2015 年 3 月，一单位购得一辆国产非名牌 11 座客车，并于当月上牌，该车属于改进型金属漆，经市场调查得知该客车全新普通漆的市场销售价格为 8.5 万元，金属漆比普通漆高出 5 000 元；该车常年工作在市区或郊区，工作繁忙，工作条件一般；外观检查结论为日常维护保养状况较差；该车技术状况较差。试用综合分析法评估该车辆的价值(评估基准日为 2020 年 3 月)。

解　(1) 该车已使用 5 年，规定使用年限为 20 年。

(2) 综合调整系数 β 的计算：

该车技术状况较差，调整系数取 0.7，权重为 30%；

维护保养较差，调整系数取 0.7，权重为 25%；

制造质量国产非名牌，调整系数取 0.7，权重为 20%；

工作性质单位用车，调整系数取 0.7，权重为 15%；

工作条件一般，调整系数取 0.8，权重为 10%。

$$\beta=0.7\times30\%+0.7\times25\%+0.7\times20\%+0.7\times15\%+0.8\times10\%=71\%$$

(3) 计算的成新率为

$$\gamma=\left(1-\frac{T_1}{T}\right)\times\beta\times100\%=\left(1-\frac{5\ \text{年}}{20\ \text{年}}\right)\times71\%\times100\%=53.3\%$$

(4) 该车的重置成本为

$$R=8.5\ \text{万元}+0.5\ \text{万元}=9\ \text{万元}$$

(5) 该车的评估值为

$$P=R\times\gamma=9\ \text{万元}\times53.3\%=4.797\ \text{万元}\approx4.8\ \text{万元}$$

【例 4-11】 某私营公司的一辆捷达车，初次登记日期为 2015 年 4 月，2020 年 6 月欲将此车对外转让。现已知该款全新捷达车辆的市场售价为 7.48 万元，该车常年工作在乡间和山区，工作忙且使用条件差；但经外观检查结论为日常维护保养状况较好；技术状况一般。试用综合分析法评估该车辆的价格。

解 (1) 该车已使用 5 年 2 个月，合计 62 个月，规定使用年限按 15 年计算，合计 180 个月。

(2) 综合调整系数 β 的计算：

该车技术状况一般，调整系数取 0.8，权重为 30%；

维护保养较好，调整系数取 0.9，权重为 25%；

制造质量为国产品牌车，调整系数取 0.9，权重为 20%；

工作性质为单位用车，调整系数取 0.7，权重为 15%；

工作条件一般，调整系数取 0.8，权重为 10%。

$$\beta=0.8\times30\%+0.9\times25\%+0.9\%\times20\%+0.7\times15\%+0.8\times10\%=83\%$$

(3) 计算的成新率为

$$\gamma=\left(1-\frac{T_1}{T}\right)\times\beta\times100\%=\left(1-\frac{62\ \text{月}}{180\ \text{月}}\right)\times83\%\times100\%=54.4\%$$

(4) 该车的重置成本为

$$R=7.48\ \text{万元}$$

(5) 该车评估值为

$$P=R\times\gamma=7.48\ \text{万元}\times54.4\%\approx4.1\ \text{万元}$$

(二) 收益现值法应用实例

【例 4-12】 某人欲投资购买一辆汽车从事运输，选择了一辆按《机动车强制报废标准规定》的报废年限为 10 年，已使用了 8 年的汽车。经市场调查和预测，该汽车未来每一年度可给投资者带来预期税后收入 40 万元，汽车的年投入营运成本为 12 万元。假定折现率按 8% 计算，试评估该营运汽车的价值。

解 该车为营运车辆，采用收益现值法评估其价值。

(1) 根据题意，该车报废年限为 10 年，已使用 8 年，剩余使用年限 2 年，即 $n=2$。

(2) 预期税后收益额为

$$A = 40 \text{ 万元} - 12 \text{ 万元} = 28 \text{ 万元}$$

(3) 根据题意可知 $i = 8\%$。

(4) 该车的评估值为

$$P = \sum_{t=1}^{n} \frac{A_t}{(1+i)^t} = 28 \text{ 万元} \times \left[\frac{1}{1+8\%} + \frac{1}{(1+8\%)^2} \right] \approx 49.9 \text{ 万元}$$

【例 4-13】　某人欲投资购买一辆汽车从事运输，该汽车按《机动车强制报废标准规定》的报废年限为 10 年，该汽车评估时已使用了 7 年。经市场调查和预测，该汽车未来 3 年可给投资者带来的预期收入分别为 12 万元、11 万元、10 万元，汽车的年投入运营成本为 4 万元。假定适用的所得税率为 9%，折现率按 9% 计算，试评估该汽车的价值。

解　该车为营运车辆，采用收益现值法评估其价值。

(1) 根据题意，该车报废年限为 10 年，已使用 7 年，剩余使用年限为 3 年，即 $n = 3$。

(2) 预期收益额为

$$A_1 = (12 \text{ 万元} - 4 \text{ 万元}) \times (1 - 9\%) = 7.28 \text{ 万元}$$
$$A_2 = (11 \text{ 万元} - 4 \text{ 万元}) \times (1 - 9\%) = 6.37 \text{ 万元}$$
$$A_3 = (10 \text{ 万元} - 4 \text{ 万元}) \times (1 - 9\%) = 5.46 \text{ 万元}$$

(3) 根据题意可知 $i = 9\%$

(4) 该车的评估值为

$$P = \sum_{t=1}^{n} \frac{A_t}{(1+i)^t} = \left[\frac{7.28 \text{ 万元}}{1+9\%} + \frac{6.37 \text{ 万元}}{(1+9\%)^2} + \frac{5.46 \text{ 万元}}{(1+9\%)^3} \right] \approx 16.2 \text{ 万元}$$

三、二手车鉴定评估案例

案例提示：二手车评估中经常会选用现行市价法和重置成本法评估同一辆车，其结论往往不一致，有时相差较大，要求我们根据市场经验取不同权数修正评估结论。

【例 4-14】　关于丰田车的价格评估报告书。

二手车鉴定评估报告书
××××二手车鉴定评估机构评报字(2022 年)第××号

一、绪言

××二手车鉴定评估机构接受×××的委托，根据国家有关评估及《二手车流通管理办法》和《二手车鉴定评估技术规范》的规定，本着客观、独立、公正、科学的原则，按照公认的评估方法，对牌号为×××××××的车辆进行了鉴定。本机构鉴定评估人员按照必要的程序，对委托鉴定评估的车辆进行了实地查勘与市场调查，并对其在 2022 年 10 月 30 日所表现的市场价值作出公允反映。现将该车辆鉴定评估结果报告如下。

二、委托方信息

委托方：××××　　　　　　　　委托方联系人：×××

联系电话：×××××××　　　　　　车主姓名/名称：×××

三、鉴定评估基准日 2022 年 10 月 30 日

四、鉴定评估车辆信息

厂牌型号：丰田 TV71***　　　　　牌照号码：××-×××××

发动机号：××××××　　　　　　车辆 VIN 码：××××××××

车身颜色：黑色　　　表征里程：11.4 万公里　　　初次登记日期：2014 年 10 月

年审检验合格至：2022 年 10 月　　　交强险截止日期：2022 年 12 月

车船税截止日期：2022 年 12 月

是否查封、抵押车辆：□是 ☑否　　　车辆购置税(费)证：☑有 □无

机动车登记证书：☑有 □无　　　　机动车行驶证：☑有 □无

未接受处理的交通违法记录：□有 ☑无

使用性质：□公务用车 ☑家庭用车 □营运用车 □出租车 □其他：

五、技术鉴定结果

技术状况缺陷描述：发动机静态检查：发动机外围皮带正常，发动机线束部分存在老化，油管、水管正常、裂痕；机舱保养较差，有大量泥土附着；发动机动态检查：发动机运转正常，行驶过程中有抖动；变速箱无故障，换挡平顺；底盘有刮擦，有结构性损伤；其他零部件：整车漆面正常，保养一般；内饰保养一般。

重要配置及参数信息：略

技术状况鉴定等级：二级

等级描述：按照车身、发动机舱、驾驶舱、启动、路试、底盘等项目顺序检查车辆技术状况，根据检查结果确定车辆技术状况分值为 80 分。

六、价值评估

价值估算方法：□现行市价法 □重置成本法 ☑其他

本次评估采用重置成本法、现行市价法加权平均确定评估价值。

计算过程如下：

1. 现行市价法

根据市场调查与询价，该车现在的市场价为 139 800 元。

该车注册登记时间为 2014 年 10 月，评估时间为 2022 年 10 月，经计算，该车已使用 8 年，取 8 年计算如下：

查表可知，8 年的综合成本比率为 27.33%，所以该车的评估值为

$$P = U \times R = 27.33\% \times 139\,800 \text{ 元} = 38\,200 \text{ 元}$$

2. 重置成本法

根据市场调查与询价，该车现在的市场价为 139 800 元。

(1) 该车注册登记时间为 2014 年 10 月，评估时间为 2022 年 10 月 30 日，经计算，该车已使用 96 个月，规定使用年限为 180 个月。

备注：根据《机动车强制报废标准规定》，自用车无使用年限规定，但调查实际市场交易情况，超过 15 年的私家车进行交易时，交易市场上基本按报废车的价格出价，所以这里使用年限还是按 15 年计算。

(2) 使用年限法。

$$\gamma = \left(1 - \frac{T_1}{T}\right) \times 100\% = \left(1 - \frac{96\ 月}{180\ 月}\right) \times 100\% = 46.7\%$$

(3) 调整系数的计算。

A. 技术状况较好取 0.8，权重为 30%；

B. 维护情况一般取 0.8，权重为 25%；

C. 制造质量属国产名牌车取 0.9，权重为 20%；

D. 工作性质属家庭用车取 1，权重为 15%；

E. 工作条件较差取 0.6，权重为 10%。

综合调整系数：

$$\beta = 0.8 \times 30\% + 0.8 \times 25\% + 0.9 \times 20\% + 1 \times 15\% + 0.6 \times 10\% = 83\%$$

(4) 综合分析法。

$$\gamma = \left(1 - \frac{T_1}{T}\right) \times \beta \times 100\% = \left(1 - \frac{96\ 月}{180\ 月}\right) \times 83\% \times 100\% = 38.7\%$$

该车的综合成新率为 38.7%。

(5) 评估值：

$$P = R \times \gamma = 139\ 800\ 元 \times 38.7\% = 54\ 103\ 元$$

运用现行市价法计算的结果和重置成本法计算的结果分别为 38 200 元和 54 103 元，评估鉴定人员根据该车性能和车况，给出现行市价法和重置成本法的权数分别为 0.4 和 0.6。

被评估车辆评估值＝38 200 元×0.4+54 103 元×0.6＝47 742 元≈48 000 元

价值估算结果：车辆鉴定评估价值为人民币¥48 000 元，金额大写：肆万捌仟圆整

七、特别事项说明[1]

(1) 评估机构或评估人员对评估标的没有现实或潜在的利益。

(2) 评估标的产权明晰，评估时未考虑车辆曝光、欠费对车辆价格的影响。

八、鉴定评估报告法律效力

本鉴定评估结果可以作为作价参考依据。本项鉴定评估结论有效期为 90 天，自鉴定评估基准日至 2023 年 1 月 27 日止。

九、声明

(1) 本鉴定评估机构对该鉴定评估报告承担法律责任。

(2) 本报告所提供的车辆评估价值为评估基准日的价值。

(3) 该鉴定评估报告的使用权归委托方所有，其鉴定评估结论仅供委托方为本项目鉴定评估目的使用和送交二手车鉴定评估主管机关审查使用，不适用于其他目的，否则本鉴定评估机构不承担相应法律责任；因使用本报告不当而产生的任何后果与签署本报告书的鉴定评估人员无关。

(4) 本鉴定评估机构承诺，未经委托方许可，不将本报告的内容向他人提供或公开，否则本鉴定评估机构将承担相应法律责任。

附件：

一、二手车鉴定评估委托书

二、二手车鉴定评估作业表

三、车辆行驶证、机动车登记证书证复印件

四、被鉴定评估二手车照片(要求外观清晰，车辆牌照能够辨认)

二手车鉴定评估师(签字、盖章)   复核人[2](签字、盖章)

　　年　　月　　日   (二手车鉴定评估机构盖章)

　　　　　　　　　　　　　　　　　　　　　　　　年　　月　　日

　　[1] 特别事项是指在已确定鉴定评估结果的前提下，鉴定评估人员认为需要说明在鉴定过程中已发现可能影响鉴定评估结论，但非鉴定评估人员执业水平和能力所能鉴定评估的有关事项以及其他问题。

　　[2] 复核人是指具有高级二手车鉴定评估师资格的人员。

　　备注：

　　1. 本报告书和作业表一式三份，委托方二份，受托方一份；

　　2. 鉴定评估基准日即为二手车鉴定评估委托书签订的日期。

任务工单

任务名称	二手车评估方法确定		班级	
学生姓名		学生学号	任务成绩	
任务目的	掌握二手车各评估方法的主要内容、能针对不同用途车辆选择合适的二手车评估方法，能够应用合适的评估方法，评估所给案例车的价值			

一、知识准备

1. 采用现行市价法评估二手车时，参照物与被评估车辆不完全相同，但相似，要进行调整，则调整的是(　　)。

A. 新车的价格　　　　　　　　　　B. 参照车辆的价格

C. 被评估车辆的价格　　　　　　　D. 市场上的报价

2. 应用现行市价法评估二手车的价格时，其必要条件是(　　)。

A. 公平和有效市场　　　　　　　　B. 任何市场均可

C. 公平市场　　　　　　　　　　　D. 有效市场

3. 有效市场的条件是(　　)。

A. 信息是真实可靠且市场是活跃的　B. 有市无价的市场

C. 信息是真实的　　　　　　　　　D. 市场是活跃的

4. 所谓近期，是指参照物的交易时间与被评估车辆评估基准日相近，一般应在(　　)。

A. 五个月之内　　　　　　　　　　B. 三个月之内

C. 半年之内　　　　　　　　　　　D. 一年之内

5. 参照物的市场价格必须是(　　)。

A. 市场实际报价　　　　　　　　　B. 卖方要的价格

C. 实际的市场交易价格　　　　　　D. 市场预测的价格

6. 拍卖行二手车拍卖数据库中的价格资料，可作为(　　)。

A. 可作为新车的销售价　　　　　　B. 参照物的参考价格

C. 被评估车辆的价格　　　　　　　D. 可作预售的价格

7. 现行市价法的直接比较法是最为(　　)。

A. 简单、最为直接的一种方法　　　B. 复杂、最为普通的一种方法

C. 复杂、最为直接的一种方法　　　D. 简单、最为一般的一种方法

8. 二手车鉴定评估的主体是(　　)。

A. 二手车　　　　　　　　　　　　B. 评估程序

C. 评估师　　　　　　　　　　　　D. 评估方法和标准

9. 二手车鉴定评估价以(　　)为基础。

A. 账面原值　　　　　　　　　　　B. 税费附加值

C. 技术鉴定　　　　　　　　　　　D. 市场价格

10. 二手车继续使用价值的特点是车辆可以(　　)而评估的投资价值。

A. 以整车的形式继续使用　　　　　B. 被拆作零件、部件

C. 被拆作零件　　　　　　　　　　D. 被拆作部件

11. 通常，二手车评估具有(　　)的特点。

A. 以技术鉴定为基础，以单台为评估对象，要考虑使用强度

B. 以技术鉴定为基础，要考虑税、费附加值、规格型号

C. 以技术鉴定为基础，以单台为评估对象，要考虑税、费附加值

D. 以单台为评估对象，要考虑税、费附加值以及使用范围

12. 在用现行市价法评估二手车时，参照车辆与被评估车辆完全相同，参照物的市场价为 6.8 万元，则被评估车辆的评估值是(　　)。

A. 7.0 万元　　　　　　　　　　　B. 6.0 万元

C. 6.8 万元　　　　　　　　　　　D. 6.5 万元

13. 某二手车评估师评估一辆朋友的车辆，顾及朋友关系，在计算评估价时参数的选取尽量往上下限靠，以帮助抬高朋友车的评估价。关于这件事说法错误的一项是(　　)。

A. 诚信原则要求人们在社会活动中讲信用守诺言，诚实不欺

B. 如果我们的行为产生了不良影响，不逃避，不推托

C. 做错事时，我们要勇于承认过错，主动承担责任

D. 这是运用诚信智慧的表现

14. 计算成新率的方法有几种？其适用范围如何？

15. 重置成本法的含义是什么？其适用范围如何？

16. 二手车评估报告书的编写步骤如何？

17. 二手车评估报告书的法律效力如何？

18. 某一场评估师竞赛，同一台 35 万元购买，使用 5 年的二手车，选手给出的评估价差异悬殊，20 万、24 万、30 万都有，更有离谱的高达 32 万，车是同一台车，评估值怎么会有这么大的弹性？

根据以上资料可得：

(1) 该案例反映了什么问题？

(2) 对该案例问题原因进行分析。

(3) 作为未来职场人，给你的启示是什么？

二、操作训练

选用合适的方法评估下面二手车(车辆信息见表 4-7)的相关信息。

(1) 评估基准日定为 2022 年 5 月，补全表格中已使用年限，并写出计算过程。

(2) 选用合适的方法评估该二手车，算出鉴定评估价格。

(重置成本必须注明出处和运算过程)

表 4-7　车 辆 信 息

车辆情况	厂牌型号	君越***	所有权性质	私人
	载重量/座位/排量	2.4 L	燃料种类	汽油
	初次登记日期	2016 年 12 月	车辆颜色	黑色
	已使用年限		累计行驶里程	约 9 万公里
	发动机大修次数	0	整车大修次数	0
	维修情况：维护保养好，没有大修情况			
	事故情况：无			
价值反映	购车日期	2013 年 12 月	原始价格	29 万元
	车主报价	16 万元		

三、检查与评估

1. 根据自己完成任务的情况，进行自我评估，并提出改进意见。

2. 教师对学生任务完成情况进行检查、评估、点评。

学习情境5　二手车交易实务

情境导入

　　某二手车交易平台的区域销售主管通过其掌握的客户信息，短期内伙同某些二手车商通过不正当的方式低价获得用户的二手车，获利超过10万元，构成了非国家工作人员受贿罪。该销售主管被起诉后，鉴于他退赔了所有非法所得并认罪态度良好，最终被从轻判处拘役5个月。

　　作为二手车评估培训机构的老师，通过案例，如何引导学生的行为取向，在工作中更好地成长呢？让我们一起来学习开拓二手车交易市场的相关知识吧。

　　分析：

　　(1) 市场前景乐观。目前，我国二手车交易量仅占整个车辆交易市场份额的60%左右，美国二手车销量是新车销量的2～3倍，德国是1.5倍，英国是3倍。值得高兴的是：由厂商主导的品牌认证二手车业务的优势逐渐显现，独立二手车经销商方兴未艾，二手车拍卖与网上交易服务平台日趋活跃。中国二手车市场潜力巨大，推进二手车交易，发展二手车交易新业态新模式等具有重要意义。

　　(2) 业务认识。二手车市场活动可理解为与市场有关的企业经营活动，即以满足人们的某种需要和欲望为目的，通过市场变潜在交换为现实交换的活动。二手车市场最主要的活动内容有收购二手车和销售二手车。建议：为了有效开拓二手车市场，二手车从业人员就需要提高二手车的质量评估和价格评估的能力，能以合理的价格标准进行收购活动和销售活动。

　　(3) 法治意识。一个人如果不了解其工作所涉及的法律知识，就很有可能在工作过程中触犯法律，做出违法乱纪的事。二手车从业人员要树立依法办事的思想观念，不仅要遵纪守法，而且要坚决同一切违法犯罪行为说不。建议：二手车从业人员应提高个人道德修养，诚信、踏实做业务。要有敬畏法律的清醒意识，做到心有所畏、言有所戒、行有所止。

学习目标

　　✦ 专业能力目标：

- 掌握二手车交易程序。
- 理解二手车交易类型及二手车交易相关规定。
- 掌握签订二手车交易合同、办理车辆转移登记的流程。
- 理解二手车的收购定价和二手车销售定价的影响因素、定价方法和价格确定。
- 熟悉二手车收购风险及风险防范措施。
- 理解汽车置换的定义、运作模式、质量论证、服务程序等。
- 能独立完成二手车交易过程中的一切检查和程序。

- 掌握二手车交易过户业务、车辆转移登记、其他税与证变更的办理手续。
- 通过训练，能够引导客户办理二手车过户转籍。

✦ 社会能力目标：

- 能与他人进行有效的沟通。
- 具备团队合作精神，培养良好的团队合作能力。

✦ 思政目标：

- 能自觉遵守二手车行业的职业道德规范和职业行为规范。
- 养成严谨、细致、踏实的良好品质。
- 不断强化法律意识以提高法治素养。

 专业知识

一、二手车交易程序

(一) 二手车交易类型

二手车交易是一种产权交易，是实现二手车所有权从卖方到买方的转移过程。二手车交易必须完成所有权转移登记才算是合法、完整的交易。根据《二手车流通管理办法》规定，二手车交易有以下几种类型。

1. 直接交易

二手车直接交易是指二手车所有人不通过经销企业、拍卖企业和经纪机构将车辆直接出售给买方的交易行为。交易可以在二手车交易市场内进行，也可以在场外进行。

根据《二手车流通管理方法》规定，买卖双方达成交易意向后应当到二手车交易市场办理过户业务，由二手车交易市场经营者向买方开具税务机关监制的统一发票即二手车销售统一发票，以便办理车辆相关证件及手续的变更。二手车直接交易程序如图 5-1 所示。

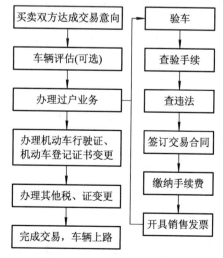

图 5-1　二手车直接交易程序

(1) 买卖双方达成交易意向。买卖双方达成交易意向是指买卖双方已就二手车交易谈妥了相关条件(如成交价格)。交易意向的达成是买卖双方的一个谈判过程，一旦谈妥就可以办理交易过户的相关手续。

(2) 车辆鉴定评估。车辆鉴定评估是买卖双方达成交易意向后自愿选择的项目。2005年10月实施的《二手车流通管理办法》规定：交易二手车时，除属国有资产的二手车外，二手车鉴定评估应本着买卖双方自愿的原则，不得强制执行，更不能以此为依据强制收取评估费。

(3) 办理过户业务。

(4) 办理机动车行驶证、机动车登记证书变更。

(5) 办理其他税、证变更。

2. 中介经营

中介经营是指二手车买卖通过中介方的帮助而实现交易，中介方收取约定佣金的一种交易行为。中介经营包括二手车经纪、二手车拍卖等。

(1) 二手车经纪。二手车经纪是指二手车经纪机构以收取佣金为目的，为促成他人交易二手车而从事居间、行纪或者代理等经营活动。

(2) 二手车拍卖。二手车拍卖是指二手车拍卖企业以公开竞价的形式将二手车转让给最高应价者的经营活动。

根据《二手车流通管理办法》规定，二手车拍卖会结束后，买受人和拍卖企业签订成交确认书(相当于二手车交易合同)，交款后拍卖企业应当向买方开具二手车销售统一发票，然后买方携带发票去相关部门办理车辆相关证件及手续的变更，二手车拍卖交易程序如图5-2所示。

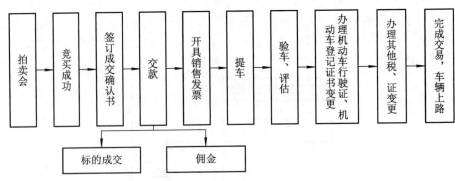

图 5-2　二手车拍卖交易程序

有关车辆的合法性，二手车拍卖企业在接受拍卖委托时已经查验过，可以通过二手车拍卖成交确认书加以保证。

3. 二手车销售

二手车销售是指二手车销售企业收购、销售二手车的经营活动。

二手车置换也是一种二手车销售行为。二手车置换就是客户在汽车销售公司购买新车时，将目前在用的汽车经过该公司的检测估价后，以一定的折价抵扣部分新车款的一种交易方式。

　　二手车典当不赎回情况也可以算作二手车销售。二手车典当是指二手车所有人将其拥有的、具有合法手续的车辆质押给典当公司，典当公司支付典当当金，封存质押车辆，双方约定在一定期限内由出典人(二手车所有人)结清典当当金本息、赎回车辆的一种贷款行为。典当时，二手车所有人填写机动车抵押/注销抵押登记申请表，此申请表必须交到车辆管理所备案，如果到约定的赎回期限二手车所有人不赎回车辆，则典当行就可以依据协议自行处置该车，如出售。

　　由于二手车销售企业能够直接给购车者开具二手车销售统一发票，所以只要购车者和二手车销售企业达成交易意向，双方即可签订二手车交易合同，购车者付清车款后，企业按规定给购车者开具二手车销售统一发票，那么购车者就可以携带发票和要求的证件去相关部门办理车辆相关证件及手续的变更，二手车销售交易程序如图 5-3 所示。有关车辆的合法性，二手车经销企业在收购车时已经查验过，可以通过二手车交易合同加以保证。

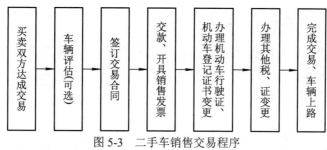

图 5-3　二手车销售交易程序

(二) 二手车交易者类型

　　二手车可以在任何身份的人群中交易。根据二手车买卖双方身份的不同，二手车交易者可分为以下四种类型：

　　(1) 个人对个人交易：二手车所有权人为个人，二手车买受人也是个人。

　　(2) 个人对单位交易：二手车所有权人为个人，二手车买受人是单位。

　　(3) 单位对个人交易：二手车所有权人为单位，二手车买受人是个人。

　　(4) 单位对单位交易：二手车所有权人为单位，二手车买受人也是单位。

(三) 二手车交易的相关规定

1. 二手车交易地点

二手车应在车辆注册登记所在地交易。也就是说，二手车不允许在异地交易。

2. 二手车转移登记手续办理地点

　　二手车转移登记手续应按照有关规定在原车辆注册登记所在地公安机关交通管理部门办理。需要进行异地转移登记的，由车辆原属地公安机关交通管理部门办理车辆转出手续，在接收地公安机关交通管理部门办理车辆转入手续。

3. 建立二手车交易档案

　　交易后，二手车交易市场经营者、经销企业、拍卖公司应建立交易档案，一般交易档案保留期限不少于 3 年。交易档案主要包括以下内容：

(1) 法定证明、凭证复印件(主要包括车辆号牌、机动车登记证书、机动车行驶证和机动车安全技术检验合格标志)。

(2) 购车原始发票或最近一次交易发票复印件。

(3) 买卖双方身份证明或者机构代码证书复印件。

(4) 委托人及授权代理人身份证或者机构代码证书，以及授权委托书复印件。

(5) 交易合同原件。

(6) 二手车经销企业的车辆信息表、二手车拍卖公司的拍卖车辆信息表和二手车拍卖成交确认书。

(7) 其他需要存档的有关资料。

二、二手车交易合同

(一) 订立二手车交易合同的基本准则

二手车交易合同是指二手车经营公司、经纪公司与法人、其他组织和自然人相互之间为实现二手车交易的目的，明确相互权利义务关系，所订立的协议。

订立二手车交易合同必须遵守以下基本原则。

1. 合法原则

订立二手车交易合同，必须遵守法律和行政法规。法律法规集中体现了人民的利益和要求。合同的内容及订立合同的程序、形式只有与法律法规相符合，才会具有法律效力，当事人的合法权益才可得到保护。任何单位和个人都不得利用经济合同进行违法活动，扰乱市场秩序，损害国家和社会利益，谋取非法收入。

2. 平等互利、协商一致原则

订立合同的当事人法律地位一律平等，任何一方不得以大欺小、以强凌弱，把自己的意愿强加给对方，双方都必须以完全平等的地位签订二手车交易合同。二手车交易合同应当在当事人之间充分协商、意愿表示一致的基础上订立，采取胁迫、乘人之危、违背当事人真实意志而订立的合同都是无效的，也不允许任何单位和个人进行非法干预。

(二) 交易合同的主体

二手车交易合同的主体是指为了实现二手车交易，以自己名义签订交易合同，享有合同权利、承担合同义务的组织和个人。根据《中华人民共和国合同法》的规定，我国合同当事人从其法律地位来划分，可分为以下几种。

1. 法人

法人是指具有民事权利能力和民事行为能力，依法独立享有民事权利和承担民事义务的组织。它必须具备以下条件：

(1) 依法成立。

(2) 有必要的财产或经费。

(3) 有自己的名称、场所和组织机构。

(4) 能够独立承担民事责任的企业法人、机关法人、事业单位法人和社会团体法人。

2. 其他组织

其他组织是指合法成立、有一定的组织机构和财产，但又不具备法人资格的组织，如私营独资企业、合伙组织和个体工商户。

3. 自然人

自然人是指具有完全民事行为能力，可以独立进行民事活动的人。

(三) 交易合同的内容

1. 主要条款

(1) 标的。指合同当事人双方权利义务共同指向的对象，可以是物也可以是行为。二手车交易合同的标的是被交易的二手车。

(2) 数量。

(3) 质量。是标的内在因素和外观形态优劣的标志，是标的满足人们一定需求的具体特征。

(4) 履行期限、地点和方式。

(5) 违约责任。

(6) 根据法律规定的或按合同性质必须具备的条款及当事人一方要求必须规定的条款。

2. 其他条款

合同的其他条款包括包装要求、某种特定的行业规则和当事人之间交易的惯有规则。

(四) 交易合同的变更和解除

1. 交易合同的变更

交易合同的变更，通常指依法成立的交易合同尚未履行或未完全履行之前，当事人就其内容进行修改和补充而达成的协议。

交易合同的变更必须以有效成立的合同为对象，凡未成立或无效的合同，不存在变更问题，交易合同的变更是在原合同的基础上，达成一个或几个新的合同作为修正，以新协议代替原协议。所以，变更作为一种法律行为，使原合同的权利义务关系消灭，产生新权利义务关系。

2. 交易合同的解除

交易合同的解除是指交易合同订立后，没有履行或没有完全履行以前，当事人依法提前终止合同。

3. 交易合同变更和解除的条件

《中华人民共和国合同法》规定，凡发生下列情况之一，允许变更或解除合同。

(1) 当事人双方经协商同意，并且不因此损害国家利益和社会公共利益。

(2) 由于不可抗力致使合同的全部义务不能履行。

(3) 由于另一方在合同约定的期限内没有履行合同。

(五) 违约责任

违约责任，是指交易合同一方或双方当事人由于自己的过错造成合同不能履行或不能完全履行，依照法律或合同约定必须承受的法律制裁。

1. 违约责任的性质

(1) 等价补偿。凡是已给对方当事人造成财产损失的，就应当承担补偿责任。

(2) 违约责罚。合同当事人违反合同的，无论这种违约是否已经给对方当事人造成财产损失，都要依照法律规定或合同规定，承担相应的违约责任。

2. 承担违约责任的条件

(1) 有违约行为。要追究违约责任，必须有合同当事人不履行或不完全履行的违约行为。违约行为可分为作为违约和不作为违约。

(2) 当事人有过错。过错是指当事人的违约行为在主观上出于故意或过失。故意是指当事人应当预见自己的行为会产生一定的不良后果，但仍用积极的不作为或消极的不作为希望或放任这种后果的发生。过失是指当事人对自己行为的不良后果应当预见或能够预见到，而由于疏忽大意没有预见到或虽已预见到但轻信可以避免，以致产生不良后果。

3. 承担违约责任的方式

(1) 违约金。合同当事人因过错不履行或不适当履行合同，依据法律规定或合同约定，支付给对方一定数额的货币。

根据《中华人民共和国合同法》及有关规定或实施细则的规定，违约金分为法定违约金和约定违约金。

(2) 赔偿金。合同当事人一方过错违约给另一方当事人造成损失超过违约金数额时，由违约方当事人支付给对方当事人一定数额的补偿货币。

(3) 继续履行。合同违约方支付违约金、赔偿金后，应对方的要求，在对方指定或双方约定的期限内，继续完成没有履行的那部分合同义务。违约方在支付了违约金、赔偿金后，合同关系尚未终止，违约方有义务继续按约履行，最终实现合同目的。

(六) 合同纠纷的处理方式

合同纠纷指合同当事人之间因对合同的履行状况及不履行的后果所发生的争议。根据《中华人民共和国合同法》及有关条例的规定，我国合同纠纷的解决方式一般有协商解决、调解解决、仲裁和诉讼四种方式。

(1) 协商解决。协商解决是指合同当事人直接磋商，自行解决彼此之间发生的合同纠纷。这是合同当事人在自愿、互谅互让的基础上，按照法律，法规的规定和合同的约定，解决合同纠纷的一种方式。

(2) 调解解决。调解解决是由合同当事人以外的第三人(交易市场管理部门或二手车交易管理协会)出面调解，使争议双方在互谅互让的基础上自愿达成解决纠纷的协议。

(3) 仲裁。仲裁是指合同当事人将合同纠纷提交国家规定的仲裁机关，由仲裁机关对合同纠纷作出裁决的一种活动。

(4) 诉讼。诉讼是指合同当事人之间发生争议而合同中未规定仲裁条款或发生争议后也未达成仲裁协议的情况下，由当事人一方将争议提交有管辖权的法院，按诉讼程序审理作出判决的活动。

(七) 二手车交易合同的种类

二手车交易合同按当事人在合同中处于出让、受让或居间中介的不同情况，可分为二手车买卖合同和二手车居间合同。

1. 二手车买卖合同

(1) 出让人(售车方)：有意向出让二手车合法产权的法人或其他组织、自然人。

(2) 受让人(购车方)：有意向受让二手车合法产权的法人或其他组织、自然人。

典型的二手车买卖合同如下：

二手车买卖合同(示范文本)

合同编号：_____

签订时间：_____年_____月_____日

甲方：(售车方)_____

乙方：(购车方)_____

第一条　目的

依据国家有关法律，法规和本市有关规定，甲、乙双方在自愿、平等和协商一致的基础上，就订立二手车买卖合同，并完成其他委托的服务事项达成一致，订立本合同。

第二条　当事人及车辆情况

一、甲方(售车方)基本情况

(1) 单位代码证号□□□□□□□□□□□□□□□-□，经办人_____，

身份证号码□□□□□□□□□□□□□□□□□□，

单位地址_____，联系电话_____。

(2) 自然人身份证号码□□□□□□□□□□□□□□□□□□，

现常住地址_____，联系电话_____。

二、乙方(购车方)基本情况

(1) 单位代码证号□□□□□□□□□□□□□□□-□，经办人_____，

身份证号码□□□□□□□□□□□□□□□□□□，

单位地址_____，联系电话_____。

(2) 自然人身份证号码□□□□□□□□□□□□□□□□□□，

现常住地址_____，联系电话_____。

三、出售车辆基本情况

车辆牌号_____，车辆类别_____

厂牌型号_____，颜色_____

初次登记时间_____，登记证号_____

发动机号码_____，车架号码_____

行驶里程_____km，允许使用年限至_____年_____月_____日，

车辆年检签证有效期至_____年_____月，

车辆购置税完税交纳证号_____ /免税交纳(有证/无证)，

车辆保险险种：1._____ 2._____ 3._____ 4._____

保险有效期截止日期：_____年_____月_____日

配置：_____

其他情况：_____

第三条　车辆价款

经协商一致，本车价款定为人民币_____元(大写：_____元)，上述价款包括车辆、备胎等附件。

过户手续费为人民币_____元(大写：_____元)，由_____方负责。

第四条　付款及交付、过户

1. 乙方于合同签订后(当日/_____日)内支付价款_____%(人民币：_____元，大写_____元)作为定金支付给甲方；支付方式：(现金/指定账户)。

2. 甲方于合同签订(当日/_____)内，将本车(过户/转籍)所需的有关证件原件及复印件交付_____方，由_____方负责办理(过户/转籍)手续。

3. 乙方于(过户/转籍)事项完成后(当日/_____日)内向甲方支付剩余价款(人民币_____元，大写_____元)；支付方式：(现金/指定账户)。

第五条　双方的权利和义务

1. 甲方承诺车辆出让时不存在任何权属上的法律问题和各类尚未处理完毕的交通违章记录，所提供的证件、证明均真实、有效，无伪造情况；否则，致使出让车辆不能过户、转籍的，乙方有权单方解除本合同或终止本合同履行，甲方应接受退回的车辆，并向乙方双倍返还定金和支付实际发生的费用。

_____方如在收取有关文件、证明后_____日内未办理(过户/转籍)手续或由于_____方的过失导致(过户/转籍)手续不能办理或不能在合理期限内完成(双方约定该合理期限为收取文件、证明后的_____日内)，除非有正当理由或不可抗力，否则_____方可单方终止本合同，并要求_____方双倍返还定金和支付实际发生的费用。

2. 乙方承诺已对受让车辆的配置、技术状况和原使用性质了解清楚，该车能根据居住管辖地车辆落籍规定办理落籍手续。如由于乙方的过失导致(过户/转籍)手续不能办理，则甲方可单方终止本合同，并不返还定金，已经发生的费用应由乙方承担。

本合同签订后，乙方如未按本合同规定的实际支付定金，甲方有权单方解除本合同，并要求乙方赔偿相应的经济损失。

第六条　合同在履行中的变更及处理

本合同在履行期间，任何一方要求变更合同条款的，应及时书面通知对方，并征得对方的同意后，在约定的时限_____天内，签订补充条款，注明变更事项。未书面告知对方，并征得对方同意，擅自变更造成的经济损失，由责任方承担。

本合同在履行期间，双方因履行本合同而签署的补充协议及其他书面文件，均为本合同不可分割的一部分，具有同等效力。

第七条　违约责任

甲、乙双方如发生违约行为，违约方给守约方造成的经济损失，由守约方按照法律、法规的有关规定和本合同有关条款追偿。

第八条 风险承担

本车在过户、转籍手续完成前由甲方作为所有人承担一切风险责任；本车在过户、转籍手续完成后由乙方作为所有人承担一切风险责任。

第九条 其他规定

本合同未约定的事项，按照《中华人民共和国合同法》以及有关法律、法规的规定执行。

第十条 发生争议的解决办法

甲、乙双方在履行本合同过程中发生争议，由双方协商解决；协商不成的，提请二手车交易市场或二手车交易管理协会调解。调解成功的，双方应当履行调解协议；调解不成的，按本合同约定的下列第( )项进行解决：

1. 向仲裁委员会申请仲裁；

2. 向法庭提起诉讼。

第十一条 合同效力和订立数量

本合同内，空格部分填写的文字，其效力优于印刷文字的效力。本合同所称"日"，均指工作日。

本合同经双方当事人签字、盖章后生效；本合同一式三份，由甲方、乙方、二手车交易市场各执一份，均具有同等的法律效力。

甲方：出售方(名称)：＿＿＿＿＿＿＿＿＿＿＿＿＿＿＿

法定代表人/自然人：(签章)＿＿＿＿＿＿＿＿＿＿＿＿＿

经办人：(签章)＿＿＿＿＿＿＿＿＿＿＿＿＿＿＿＿＿

开户银行：＿＿＿＿＿＿＿＿＿＿＿＿＿＿＿＿＿＿＿

账号：＿＿＿＿＿＿＿＿＿＿＿＿＿＿＿＿＿＿＿＿＿

乙方：购车方(名称)：＿＿＿＿＿＿＿＿＿＿＿＿＿＿＿

法定代表人/自然人：(签章)＿＿＿＿＿＿＿＿＿＿＿＿＿

经办人：(签章)＿＿＿＿＿＿＿＿＿＿＿＿＿＿＿＿＿

开户银行：＿＿＿＿＿＿＿＿＿＿＿＿＿＿＿＿＿＿＿

账号：＿＿＿＿＿＿＿＿＿＿＿＿＿＿＿＿＿＿＿＿＿

2. 二手车居间合同

(1) 出让人(售车方)：有意向出让二手车合法产权的法人或其他组织、自然人。

(2) 受让人(购车方)：有意向受让二手车合法产权的法人或其他组织、自然人。

(3) 中介人(居间方)：合法拥有二手车中介交易资质的二手车经纪公司。

典型的二手车居间合同如下：

二手车居间合同(示范文本)

合同编号：＿＿＿＿＿＿＿＿＿＿＿＿＿＿＿＿

签订时间：＿＿＿＿＿＿年＿＿＿月＿＿＿日

委托出让方(简称甲方)：＿＿＿＿＿＿＿＿＿＿＿＿＿

居间方：＿＿＿＿＿＿＿＿＿＿＿＿＿＿＿＿＿＿＿＿

委托买入方(简称乙方)：＿＿＿＿＿＿＿＿＿＿＿＿＿

第一条　目的

依据国家有关法律、法规和本市有关规定,三方在自愿、平等和协商一致的基础上,就居间方接受甲、乙双方的委托,促成甲、乙双方二手车交易,并完成其他委托的服务事项达成一致,订立本合同。

第二条　当事人及车辆情况

一、甲方基本情况

(1) 单位代码证号□□□□□□□□□□□□□□-□,经办人_____,

身份证号码□□□□□□□□□□□□□□□□□□,

单位地址_____,联系电话_____。

(2) 自然人身份证号码□□□□□□□□□□□□□□□□□□,

现常住地址_____,联系电话_____。

二、乙方基本情况

(1) 单位代码证号□□□□□□□□□□□□□□-□,经办人_____,

身份证号码□□□□□□□□□□□□□□□□□□,

单位地址_____,联系电话_____。

(2) 自然人身份证号码□□□□□□□□□□□□□□□□□□,

现常住地址_____,联系电话_____。

三、出售车辆基本情况

车辆牌号_____,车辆类别_____。

厂牌型号_____,颜色_____。

初次登记时间_____,登记证号_____。

发动机号码_____,车架号码_____。

行驶里程_____km,允许使用年限至_____年____月____日,

车辆年检签证有效期至_____年____月,

车辆购置税完税交纳证号_____/免税交纳(有证/无证),

车辆保险险种:1._____ 2._____ 3._____ 4._____。

保险有效期截止日期:_____年____月____日,

配置:_____。

其他情况:_____。

第三条　车辆价款

经协商一致,本车价款定为人民币_____元(大写:_____元),上述价款包括车辆、备胎等附件。

过户手续费为人民币_____元(大写:_____元),由_____方负责。

第四条　付款及交付、过户

1. 乙方于合同签订后(当日/_____日)内支付价款_____%(人民币:_____元,大写_____元)作为定金支付给甲方;支付方式:(现金/指定账户)。

2. 甲方于合同签订(当日/_____)内,将本车辆存放于居间方指定地点,由居间方和乙方查验认可,出具查验单后,由居间方代为保管或三方约定由甲方继续使用本车。甲方于

合同签订_____日内将本车辆有关证件原件及复印件交付乙方,并协助乙方办理过户手续。

3. 乙方于(过户/转籍)事项完成后(当日/_____日)内向甲方支付剩余价款(人民币_____元,大写_____元);支付方式: (现金/指定账户)。

第五条 佣金标准、数额、收取方式和退赔

(一) 居间方已完成本合同约定的委托人甲方委托的事项,委托人甲方按照下列第_____种方式计算支付佣金(任选一种):

1. 按照该二手车成交价_____的_____%,具体数额为人民币_____元作为佣金支付给居间方。

2. 按照双方约定,佣金为人民币_____元,支付给居间方。

(二) 居间方已完成本合同约定的委托人乙方委托的事项,委托人乙方按照下列第_____种方式计算支付佣金(任选一种):

1. 按照该二手车成交价_____的_____%,具体数额为人民币_____元作为佣金支付给居间方。

2. 按照双方约定,佣金为人民币_____元,支付给居间方。

(三) 居间方未完成本合同委托事项的,按照下列约定退还佣金:

1. 居间方未完成委托人甲方委托的事项、将本合同约定收取佣金的_____%,具体数额为人民币_____元退还给委托人甲方,已发生费用由居间方承担。

2. 居间方未完成委托人乙方委托的事项,将本合同约定收取佣金的_____%,具体数额为人民币_____元退还给委托人乙方,已发生费用由居间方承担。

第六条 甲方的权利和义务

甲方承诺车辆出让时不存在任何权属上的法律问题和各类尚未处理完毕的交通违章记录,所提供的证件、证明均真实、有效,无伪造情况;否则,致使出让车辆不能过户、转籍的,乙方有权单方解除本合同或终止本合同履行,甲方应接受退回的车辆,全额退回车款,向居间方支付佣金和实际发生的费用,并承担赔偿责任。

本合同有效期内,甲方委托出让的车辆根据本合同约定将本车存放在指定的地点,并按规定支付停车费,因保管不善造成车辆毁损、灭失的,由责任方承担赔偿责任。

甲方不提供相关文件、证明,或未按本合同第四条第二款的约定将本车存放于指定地点,除非有正当理由或不可抗力,否则乙方有权终止本合同并要求双倍返还定金。

第七条 乙方的权利和义务

本合同签订后,乙方应向居间方预付定金(人民币_____元,大写_____元)。

乙方履行合同后,定金抵作乙方应当支付给居间方的佣金。如乙方违约,乙方无权要求返还定金并支付实际发生的费用;如居间方违约,应当双倍返还定金。

乙方如未按本合同规定的时间支付定金,甲方有权单方解除本合同,并要求乙方赔偿相应的经济损失。

乙方如拒绝接受甲方提供的文件、证明,除非有正当理由或不可抗力,否则甲方有权单方终止本合同,并不返还定金。

乙方如在收取有关文件、证明后_____日内未办理(过户/转籍)手续或由于乙方的过失导致(过户/转籍)手续不能办理或不能在合理期限内完成(双方约定该合理期限为收取文

件、证明后的_____日内)，除非有正当理由或不可抗力，否则甲方可单方终止本合同，并不返还定金，已经发生的费用应由乙方承担。

第八条　居间方的权利和义务

居间方应向甲、乙双方出示营业执照等有效证件。

居间方的执业经纪人应向甲、乙双方出示经纪执业证书，并应亲自处理委托事务，未经甲、乙双方同意，不得转委托。

居间方应按照甲、乙双方的要求处理委托事务，报告委托事务处理情况，为甲、乙双方保守商业秘密。

居间方应按约定或依规定收取甲、乙双方支付的款项并开具收款凭证。

居间方不得采取胁迫、欺诈、贿赂和恶意串通等手段，促成交易。

居间方不得伪造、涂改、买卖交易文件、证明和凭证。

第九条　合同在履行中的变更及处理

本合同在履行期间，任何一方要求变更合同条款的，应及时书面通知相对方，并征得相对方的同意后，在约定的时限_____天内，签订补充条款，注明变更事项。未书面通知相对方，并征得相对方同意，擅自变更造成的经济损失，由责任方承担。

本合同履行期间，三方因履行本合同而签署的补充协议及其他书面文件，均为本合同不可分割的一部分，具有同等效力。

第十条　违约责任

1. 三方商定，居间方有下列情况之一的，应承担违约责任：

(1) 无正当理由解除合同的；

(2) 与他人私下串通，损害委托人甲、乙双方利益的；

(3) 其他过失影响委托人甲、乙双方交易的。

2. 三方商定，委托人甲、乙双方有下列情况之一的，应承担违约责任：

(1) 无正当理由解除合同的；

(2) 未能按照合同提供必要的文件、证明和配合，造成居间方无法履行合同的；

(3) 相互或与他人私下串通，损害居间方利益的；

(4) 其他造成居间方无法完成委托事项的行为。

3. 三方商定，发生上述违约行为的，按照合同约定佣金总数的_____ %，计人民币_____元作为违约金支付给各守约方。违约方给各守约方造成的其他经济损失，由守约方按照法律、法规的有关规定追偿。

第十一条　风险承担

本车在过户、转籍手续完成前由甲方作为所有人承担一切风险；本车在过户、转籍手续完成后乙方作为所有人承担一切风险责任。

第十二条　其他规定

本合同未约定的事项，按照《中华人民共和国合同法》以及相关法律、法规的规定执行。

第十三条　发生争议的解决办法

三方在履行本合同过程中发生争议，由三方协商解决；协商不成的，提请二手车交易市场和二手车交易管理协会调解。调解成功的，三方应当履行调解协议；调解不成的，按本合同约定的下列第_____项进行解决：

　　1. 向仲裁委员会申请仲裁；

　　2. 向法庭提起诉讼。

第十四条 合同效力和订立数量

　　本合同内，空格部分填写的文字，其效力优于印刷文字的效力。本合同所称的"日"，均指工作日。

　　本合同经三方当事人签字、盖章后生效；本合同一式四份，由甲方、乙方、居间方、二手车交易市场各执一份，均具有同等的法律效力。

委托出售方(甲方)：_____

法定代表人/自然人：(签章)_____

经办人(签章)：_____

开户银行：_____

账号：_____

居间方(名称)：_____

营业执照注册号：_____

法定代表人：(签章)_____

执业经纪人：(签章)_____

执业经纪证书：(编号)_____

开户银行：_____

账号：_____

委托买入方(乙方)：_____

法定代表人/自然人：(签章)_____

经办人：(签章)_____

开户银行：_____

账号：_____

(八) 二手车的质量保证

　　二手车的质量保证就是在二手车销售的同时，销售商承诺对车辆进行有条件、有范围、有限期的质量保证，并切实履行承诺的责任和义务。

　　二手车的质量保证是二手车销售环节中的一个不可或缺的重要环节。没有质量保证的二手车销售是不完整的销售。

1. 二手车质量保证的意义

　　(1) 保护消费者权益。二手车交易存在车辆信息不透明、买卖双方信息不对称的问题，消费者面临着质量欺诈、价格欺诈和购买非法车辆等风险。消费者对所购买的二手车，最难以把握的是车辆原来的使用状况和技术状况。二手车销售商为二手车消费者提供质量担保，是保护消费者权益的具体体现，同时也是一种社会责任。

(2) 促进二手车行业的规范发展。如果二手车买卖成交后，销售商的责任即告结束，对此后车辆出现的各种故障全不负责。这会使消费者的权益得不到充分保障，一些不法销售商又会有恃无恐地干着坑蒙拐骗的勾当，会造成消费者不敢购买二手车，极大地损害了二手车交易行业的发展。

实行二手车质量保证可以从根本上消除这种畏惧心理，激发消费者潜在的购车能量；鼓励、扶持那些诚实守信、规范运作的经营企业的同时，还将规范、监督和约束那些不讲信誉、不讲服务的销售行为，逐步净化二手车的消费环境，提升行业的社会形象。

(3) 有利于经营品牌的创立。二手车交易与新车销售一样，是一个与服务密切相关的经营行为。二手车销售企业实行二手车质量保证，将服务延伸到售后，切实履行保护消费者利益的责任，赢得消费者的信任，有利于创立二手车经营品牌。这给二手车直接交易、中介经营带来非常大的比较优势，体现了品牌经销商的优势所在，也成为鉴定二手车经营企业之间诚信差异、品牌优劣的重要标志。这方面的工作谁做得好，谁就赢得市场。

(4) 有利于开辟新的交易模式。目前，在二手车交易中，通常采用到有形市场现场看车的方式来确定车辆状况。这种方式对买卖双方均耗时、费力、效率低，是一种比较原始的方式。随着社会车辆的逐渐增多，二手车交易的日趋活跃，这种交易方式对提高交易量的制约影响将日益凸显。

交易方式的拓展将是一个现实的课题，如开展网上交易形式等，将有形市场与无形市场结合，有利于扩大二手车交易的范围，促成二手车这一社会资源得到更合理的配置。实现这种新的交易模式的重要前提，是经营企业诚信体系的建立、二手车质量保证的承诺以及社会和消费者对此承诺的高度认同。

2. 二手车质量保证的前提及质量保证期

二手车质量保证很重要，但并不是所有销售的二手车都能得到质量保证。目前，二手车质量保证只能是有条件、有范围和有期限的质量保证。

(1) 提供质量保证的企业。《二手车交易规范》规定，二手车质量保证只对二手车经销企业要求，对直接交易，经纪、拍卖和鉴定评估等中介交易形式无要求。

(2) 二手车质量保证的前提。《二手车交易规范》规定，二手车经销企业向最终用户销售二手车应提供质量保证的前提是，使用年限在 3 年以内或行驶里程在 60 000 km 以内的车辆(以先到者为准，营运车除外)。

(3) 二手车质量标准期限。《二手车交易规范》规定，二手车经销企业向最终用户销售二手车时，应向用户提供不少于 3 个月或行驶里程在 5 000 km 以内(以先到为准)的质量保证。

(4) 二手车质量保证的范围。《二手车交易规范》规定，二手车质量保证范围为发动机系统、转向系统、传动系统、制动系统和悬架系统等。

3. 二手车的售后服务

如果说二手车经销企业在向最终用户销售二手车时提供质量保证是让买主买得放心，那么向用户提供售后服务，则是让买主使用无忧。

(1) 二手车售后服务的规定。《二手车交易规范》规定：二手车经销企业向最终用户提供售后服务时，应向其提供售后服务清单；在提供售后服务的过程中，不得擅自增加未经客户同意的服务项目；二手车经销企业应建立售后服务技术档案，售后服务技术档案保存时间不得少于 3 年。

(2) 售后服务技术档案内容。售后服务技术档案包括车辆基本资料、客户基本资料、维修保养记录等内容。

车辆基本资料：主要包括车辆的品牌型号、车牌号码、发动机号、车架号、出厂日期、使用性质、最近一次转移登记日期、销售时间和地点等。

客户基本资料：主要包括客户的名称(姓名)、地址、职业和联系方式等。

维修保养记录：主要包括维修保养的时间、里程和项目等。

有了质量保证和售后服务的承诺，再加上交易合同的保证，二手车交易变得更加透明，真正成为"阳光交易"。

三、车辆转移登记手续

(一) 办理程序

二手车交易属于产权交易范畴，涉及相关文件和必要手续。二手车交易后必须办理这些证明文件的转移登记手续，以完成手续完备的、合法的交易。机动车产权证明是机动车登记证书、机动车行驶证和机动车牌号。根据买卖双方的住所是否在同一车辆管理所管辖区内，机动车产权转移登记手续可分为同一车辆管理所管辖区内的所有权转移登记(即同城转移登记)和不同车辆管理所管辖区内的所有权转移登记(即异地转移登记)两种登记方式。

二手车同城转移登记手续应当在原车辆注册登记所在地公安交通管理部门办理。需要进行异地转移登记的，由车辆原属地公安交通管理部门办理车辆迁出手续，在接收地公安交通管理部门办理车辆迁入手续。办理二手车转移登记手续的流程如图 5-4 所示。

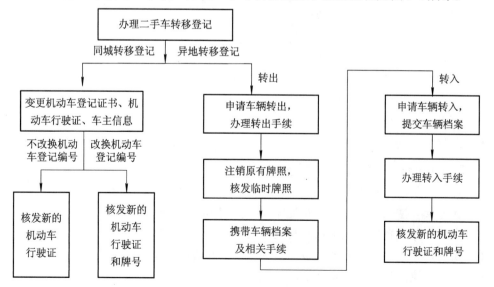

图 5-4　办理二手车转移登记手续的流程

(二) 办理二手车转移登记所需的手续及证件

二手车在同城交易和所有权转移登记时，根据买卖双方身份不同，二手车交易类型不同，办理转移登记时所需的手续和证件也相应不同。

1. 二手车所有权由个人转移给个人

(1) 卖方个人身份证原件及复印件。

(2) 买方个人身份证原件及复印件。

(3) 车辆原始购置发票或上次交易过户发票原件及复印件。

(4) 过户车辆的机动车登记证书原件及复印件。

(5) 过户车辆的机动车行驶证原件及复印件。

(6) 二手车买卖合同。

(7) 外地户口需持暂住证。

(8) 过户车辆到场。

2. 二手车所有权由个人转移给单位

(1) 卖方个人身份证原件及复印件。

(2) 买方单位法人代码证原件及复印件(须在年检有效期之内)。

(3) 车辆原始购置发票或上次交易过户发票原件及复印件。

(4) 过户车辆的机动车登记证书原件及复印件。

(5) 过户车辆的机动车行驶证原件及复印件。

(6) 二手车买卖合同。

(7) 过户车辆到场。

3. 二手车所有权由单位转移给个人

(1) 卖方单位法人代码证原件及复印件(须在年检有效期之内)。

(2) 买方个人身份证原件及复印件。

(3) 车辆原始购置发票或上次交易过户发票原件及复印件。

(4) 卖方单位必须按实际成交价格给买方个人开具成交发票(需复印)。

(5) 过户车辆的机动车登记证书原件及复印件。

(6) 过户车辆的机动车行驶证原件及复印件。

(7) 二手车买卖合同。

(8) 过户车辆到场。

4. 二手车所有权由单位转移给单位

(1) 卖方单位法人代码证原件及复印件(须在年检有效期之内)。

(2) 买方单位法人代码证原件及复印件(须在年检有效期之内)。

(3) 车辆原始购置发票或上次交易过户发票原件及复印件。

(4) 卖方单位必须按实际成交价格给买方单位开具成交发票(需复印)。

(5) 过户车辆的机动车登记证书原件及复印件。

(6) 过户车辆的机动车行驶证原件及复印件。

(7) 二手车买卖合同。

(8) 过户车辆到场。

四、二手车收购定价

(一) 影响二手车收购定价的因素

1. 车辆总体价值

二手车收购要充分考虑车辆的总体价值，包括车辆实体产品价值和各项手续价值。

1) 车辆实体产品价值

除了用鉴定估价的方法评估车辆的实体产品价值外，还应根据经验，结合目前市场行情综合判定。车辆实体产品价值主要评定的项目包括车身外观整齐度、漆面质量等静态检查项目和发动机怠速声音、尾气排放情况等动态检查项目。另外，配置、装饰、改装等项目也很重要，有效的改装包括动力改装、悬架系统改装、音响改装、座椅及车内装饰改装等。

2) 各项手续价值

各项手续价值主要包括原始购车发票或交易过户发票、机动车登记证书、机动车行驶证、购置税本、车船税证明、车辆保险合同等。如果收购车辆的证件和税费缴纳凭证不全，就会影响收购价格，因为代办手续不但要消耗人工成本，而且可能会造成过户、转籍困难或带来许多后续的麻烦等。

2. 二手车收购后应支出的费用

二手车收购除了要支付车辆产品的货币外，从收购到售出时限内，还需要支出保险费、日常维护费、停车费、收购支出的货币利息和其他管理费等。

3. 市场宏观环境的变化

二手车收购要注意国家宏观政策、国家和地方性法规的变化导致的车辆经济性贬值，否则不仅不能给公司带来经济效益，反而可能会带来损失。

4. 市场微观环境的变化

这里所说的市场微观环境，主要指新车价格的变动以及新车型的上市对收购价格的影响。例如，新上市的轿车降价后，该品牌车型的保值率会降低，贬值后收购价格自然也会降低。另外，新车型上市会挤压旧车型，旧车型价格自然会受影响。

5. 经营的需要

二手车经营者应根据库存车辆的多少提高或降低收购价格。例如，当库存车辆减少、货源紧张时，应适当提高车辆的收购价格，以补充货源、保证库存的稳定；反之，库存车辆多时，则应降低收购价格。另外一种情况是，某一车型出现断档时，该车型的收购价格会提高。

6. 品牌知名度和维修服务条件

不同品牌的二手车，由于其品牌知名度和售后服务的质量不同，也会影响收购价格的制定。例如，一汽、上汽等，都是国内颇具实力的企业，其产品具有很高的品牌知名度，技术相对成熟，维修服务体系健全，因此这类二手车的收购定价可以适当提高。

(二) 二手车收购风险及风险防范措施

1. 二手车收购风险

在二手车收购的过程中，环境的变化可能产生机会，也有可能带来风险。二手车收购风险是指由于二手车收购环境的变化，给二手车的销售带来的各种损失。收购环境的变化是绝对的、客观的，并经常会发生。在二手车收购的过程中，既充满了机会，又伴随着风险。因此，只有掌握战胜风险的策略和技巧，积极化险为夷，才能把风险变为机会，实现成功的转化。一般收购原则如下：

(1) 要提高识别二手车收购风险的能力。应随时收集、分析并研究市场环境因素变化的资料和信息，判断收购风险发生的可能性，积累经验，培养并增强对二手车收购风险的敏感性，及时发现或预测收购风险。

(2) 要提高风险的防范能力，尽可能规避风险。可通过预测风险，尽早采取防范措施来规避风险。在二手车收购工作中，要尽可能谨慎，最大限度地降低二手车收购风险。

(3) 在无法避免的情况下，要提高处理二手车收购风险的能力，最大限度地降低损失，并防止引发其他负面效应和有可能派生出来的消极影响。

2. 风险防范措施

在二手车收购的风险防范上，具体从以下几个方面考虑影响二手车收购的风险因素及其相应的防范措施。

1) 新车型的影响

新车型应用了新技术，技术含量的提高会使旧车型贬值甚至被淘汰。从国内市场来看，新车型投放速度明显加快，技术含量和配置也越来越高，如转向助力、安全气囊、ABS＋EBD、电子防盗等都已成了标准装备。因此，二手车市场在收购旧车时应以最新款的技术装备和价格来作为参照，否则会给二手车收购带来一定的风险。

2) 车市频繁降价的影响

在新车市场频繁降价、优惠促销的环境下，二手车经销公司面临着很大的风险。所以，在二手车收购中都是以某一款车目前新车市场的开票价格来计算，而不会去考虑消费者买车时的价格。如果某一款车最近有降价的可能，二手车公司就要考虑新车降价的风险，收购价往往要比正常的价格低一些。

3) 折旧加快的影响

从实际行情来看，使用期限在 3 年以内的车辆折旧最高。使用 3 年的车辆往往要折旧到 40%～50%，其后几年进入到一个相对稳定的低折旧期，接近 10 年后折旧又开始加快。所以，3 年以内的车辆收购定价要考虑车辆的大幅折旧因素的影响。

4) 废气排放标准提高的影响

废气排放标准提高也加速了在用车辆的折旧和淘汰。越来越严格的废气排放标准将使旧车型加速淘汰，因此在确定二手车收购价格时应考虑车辆废气排放标准提高的影响。

5) 车况优劣的影响

有的车辆虽然使用时间短，但维护保养差，各机件磨损严重，操作性能不好；而有的车辆虽然使用时间长，但维护保养好，发动机的状况依然良好，各机件操作顺畅。这些车辆不同的技术状况自然会影响到二手车的收购价格。

6) 品牌知名度的影响

知名品牌的汽车因其市场保有量大、质量可靠而深受消费者的青睐。这些品牌的汽车在新车市场售价较为稳定，口碑好，所以在二手车市场的认同率较高，贬值的程度自然要低于其他品牌。而一些知名度不高的汽车品牌，市场的认同率低，贬值的程度也就相对较高。

7) 库存的影响

若二手车销售顺畅，供不应求，二手车经销公司的库存少，商家为了保持正常的经营运转，维持一定的库存，可适当抬高一些收购价格。反之，在二手车销售低迷时，商家的库存积压，流通不畅，供大于求，这时应压低收购价格，规避由于库存积压所带来的风险。

8) 二手车收购合法性的影响

二手车的收购时要防止收购盗抢车、非法拼装车，要预防收购那些伪造手续凭证、伪造车辆档案的车辆。一旦有所失误，不仅会给公司造成直接的经济损失，更重要的是会造成社会的不良影响，从而损害公司的公众形象。

9) 宏观环境的影响

要密切关注国家有关二手车的政策与法规的变化，做到未雨绸缪。要能够根据已有的和即将颁布的国家有关二手车的政策与法规预测二手车价格的可能变动趋势，及时调整二手车的收购价格，使收购二手车的风险降到最低。

(三) 二手车收购定价方法

二手车收购价格的确定是根据其特定的目的，在二手车鉴定评估的基础上，充分考虑市场的供求关系，对评估的价格做快速变现的特殊处理。按不同的原则，一般有以下几种收购定价方法。

1. 以现行市价法、重置成本法确定收购价格

由现行市价法、重置成本法对二手车进行鉴定评估产生的客观价格，再根据快速变现原则，估定一个折扣率，并以此确定二手车的收购价格。如运用重置成本法估算某机动车辆的价值为 10 万元，根据市场的销售情况，估定折扣率为 20%，则该车辆的收购价格为 8 万元。

2. 以清算价格法确定收购价格

清算价格法的特点是企业(或个人)由于破产或其他原因，要求在一定的期限内将车辆变现，在企业清算之日预期出卖车辆可收回的快速变现价格。一般根据二手车的技术状况，

运用现行市价法估算其正常价值，再根据处置情况和变现要求，乘以一个折扣率，最后确定车辆的评估价格。

以清算价格法确定收购价格，由于顾客要求快速转卖变现，因此其收购估价会大大低于二手车市场成交的同类型车辆的公平市价。

3. 以快速折旧法确定收购价格

根据机动车辆的价值，计算折旧额来确定收购价格。折旧额的计算方法有年份数求和法和双倍余额递减折旧法等。

(四) 二手车收购价格的确定

二手车收购价格的确定是指被收购车辆手续齐全的前提下，对车辆实体价格的确定。如果所缺失的手续能以货币支出补办，则收购价格应是扣除补办手续的货币支出，时间和精力的成本支出，采用的方法有以下几种。

1. 重置成本法

运用重置成本法对二手车进行鉴定估价，然后根据快速变现的原则，估定一个折扣率，将被收购车辆的评估价格乘以折扣率，即可得二手车的收购价格，计算公式为

$$收购价格 = 评估价格 \times 折扣率 \tag{5-1}$$

2. 现行市价法

运用现行市价法对二手车确定评估价格，再根据上述办法计算收购价格，计算公式与式(5-1)相同。

3. 快速折扣法

首先计算出二手车已使用年数累计折旧额，然后用重置成本全价减去累计折旧额，再减去车辆需要维修换件的总费用，即可得二手车收购价格，计算公式为

$$收购价格 = 重置成本全价 - 累计折旧额 - 维修费用$$

五、二手车销售定价

(一) 影响二手车销售定价的因素

1. 成本因素

产品成本是定价的基础和最低界限，二手车的销售价格如果不能保证成本，企业的经营活动就难以维持。二手车流通企业销售定价应分析车辆的价格、需求量、成本、销量、利润之间的关系，正确地估算成本，以作为定价的依据。二手车销售定价时应考虑收购车辆的总成本费用，总成本费用由固定成本费用和变动成本费用之和构成。

(1) 固定成本费用。固定成本费用是指在既定的经营目标内，不随收购车辆的变化而变动的成本费用。如分摊在这一经营项目的固定资产的折旧、管理费等。

固定成本费用摊销率是指单位收购价值所包含的固定成本费用，即固定成本费用与收购车辆总价值之比。如某企业根据经营目标，预计某年度收购价值 100 万元的车辆，分摊

固定成本费用 1 万元，则单位固定成本费用摊销率为 1%。

(2) 变动成本费用。变动成本费用指收购车辆随收购价格和其他费用而相应变动的费用，主要包括车辆实体的价格、运输费、保险费、日常维护费、维修翻新费、资金占用的利息等。

由上分析可知，一辆二手车收购的总成本费用是这辆车应分摊的固定成本费用与变动成本费用之和，用数学式可表示为

一辆二手车的总成本费用 = 收购价格×固定成本费用摊销率 + 变动成本费用

2. 供求关系

在市场经济中，产品的价格由买卖双方的相互作用来决定，以市场供求为前提，所以决定价格的基本因素有两个，即供给与需求。若供大于求，价格会下降；若供小于求，价格则会上升，这就是市场供求规律，它是制定产品价格的一个重要前提。市场的一切交易活动和价格的变动都受这一规律的支配。供求关系表明价格只能围绕价值上下波动，而价值仍然是确定价格水平及其变动的决定性因素。企业在定价决策时，除以产品价值为基础外，还可以运用供求关系来分析和制定产品的价格。

价格受供求关系的影响而做有规律性的变动过程中，不同商品的变动幅度是不一样的，因此在销售定价时还要考虑需求价格弹性。所谓需求价格弹性，是指因价格变动而引起的需求相应的变动率，它反映需求变动的敏感程度。当某种产品需求弹性较小时，提高价格可以增加企业利润；反之，当产品需求富有弹性时，降低价格也可以增加企业利润，同时还能打击竞争对手、提高自己产品市场的占有率。

二手车需求弹性较强，即二手车价格的上升(或下降)会引起需求较大幅度的减少(或增加)。因此，在二手车的销售定价时，应该把价格定低一些，以薄利多销方式达到增加盈利、服务顾客的目的。

3. 竞争状况

在产品供不应求时，企业可以自由地选择定价方式；而在产品供大于求时，竞争必然随之加剧，定价方式的选择只能被动地根据市场竞争的需要来进行。

为了稳定维持市场份额，二手车的销售定价要考虑本地区同行业竞争对手的价格情况，根据自己的市场地位和定价的目标，选择与竞争对手相同的价格，甚至低于竞争对手的价格来进行定价。

4. 国家政策法令

任何国家对物价都有适度的管理，但各个国家和地区对价格的控制程度、范围、方式等存在着一定的差异，而完全放开和完全控制的情况是没有的。通常，国家通过物价部门直接对企业定价进行干预，也可以用一些财政、税收手段对企业定价实行间接影响。

(二) 二手车销售定价的目标

二手车销售定价的目标是指二手车流通企业通过制定二手车销售价格，凭借价格产生的效益来达到预期的目标。企业定价目标主要有两大类，即获取利润目标和占领市场目标。

1. 获取利润目标

利润是考核和分析二手车流通企业营销工作优劣的一项综合性指标，是二手车流通企业最主要的资金来源。以利润为定价目标有三种具体形式：预期收益、最大利润和合理利润。

1) 预期收益目标

预期收益目标是指二手车流通企业以预期利润(包括预交税金)为定价基点，预期利润加上商品的完全成本构成车辆的销售价格，从而获取预期收益的一种定价目标。预期收益目标有长期目标和短期目标之分，大多数企业都采用长期目标。预期收益的确定，应当考虑汽车的质量与功能、同期的银行利率、消费者对价格的反应以及企业在同类企业中的地位和在市场竞争中的实力等因素。预期收益定得过高，企业会处于不利的市场竞争地位；定得过低，又会影响企业投资的回收。一般情况下，预期收益适中，可以使企业获得长期稳定的收益。

2) 最大利润目标

最大利润目标是指二手车流通企业在一定时期内，综合考虑各种因素后，以总收入减去总成本的最大差额为基点确定单位车辆的价格，以取得最大利润的一种定价目标。最大利润是企业在一定时期内可能准备实现的最大利润总额，而不是单位车辆的最高价格，最高价格不一定能获取最大利润。当企业的产品在市场处于绝对有利的地位时，往往采取这种定价目标，使企业在短期内获得高额利润。最大利润一般应以长期的总利润为目标，在个别时期，甚至允许以低于成本的价格出售，以便招来顾客。

3) 合理利润目标

合理利润目标是指二手车流通企业在补偿正常情况下的社会平均成本的基础上，适当地加上一定量的利润作为车辆的销售价格，以获取合理利润的一种定价目标。企业在自身力量不足、不能实行最大利润目标或预期收益目标时，往往采取这一定价目标。这种定价目标以稳定市场价格、避免不必要的竞争、获取长期利润为前提，因而车辆的价格适中，顾客乐于接受。

2. 占领市场目标

占领市场目标是指以市场占有率为定价目标。市场占有率是指一定时期内二手车流通企业的销售量占当地细分市场销售总量的份额。市场占有率高意味着企业的竞争能力强，说明企业对消费信息把握得较准确、充分。一般企业利润与市场占有率正向相关，提高市场占有率是增加企业利润的有效途径。

二手车流通企业应在综合考虑市场环境、自身实力及经营目标的基础上，将利润目标和占领市场目标结合起来，兼顾企业的眼前利益与长远利益，来确定合适的定价目标。

(三) 二手车销售的定价方法

二手车销售的定价方法是二手车流通企业为了在目标市场实现定价目标，给产品制定基本价格和浮动范围的技术思路。由于成本、需求和竞争是影响企业定价的最基本因素，产品成本决定了价格的最低界限；产品本身的特点决定了需求状况，从而确定了价格的最高界限。竞争者产品与价格又为定价提供了参考的基点，因此形成了以成本、需求、竞争为导向的三大基本定价思路。

1. 成本导向定价法

1) 成本加成定价法

成本加成定价法也称为加额定价法、标高定价法或成本基数法，是一种应用比较普遍的定价方法。它首先确定单位产品总成本(包括单位变动成本和平均分摊的固定成本)，然后在单位产品总成本的基础上加上一定比例的利润，从而形成产品的单位销售价格。该方法的计算公式为

$$单位产品销售价格 = 单位产品总成本 \times (1 + 成本加成率)$$

成本加成定价法的关键是成本加成率的确定。通常，加成率应与单位产品成本成反比，和资金周转率成反比，与需求价格弹性成反比，需求价格弹性不变时加成率也应保持相对稳定。

2) 目标收益定价法

目标收益定价法也称投资收益率定价法，是指根据企业的投资总额、预期销量和投资回收期等因素来确定价格。在产品供不应求时，或产品需求的价格弹性很小的细分市场中，目标收益定价法具有一定的应用价值。

3) 边际成本定价法

边际成本定价法是指每增加或减少单位产品所引起的总成本的增加或减少。采用边际成本定价法，以单位产品的边际成本作为定价依据和可接受价格的最低界限。在价格高于边际成本的情况下，企业出售产品的收入除完全补偿变动成本外，还可用来补偿一部分固定成本，甚至可能提供利润。在竞争激烈的市场条件下具有极大的定价灵活性，对于有效地应对竞争、开拓新市场、调节需求的季节差异、形成最优产品组合，可以发挥巨大的作用。

2. 需求导向定价法

需求导向定价法又称顾客导向定价法，是二手车流通企业根据市场需求状况和消费者的不同反应分别确定产品价格的一种定价方式。需求导向定价法是以消费者的认知价值、需求强度及对价格的承受能力为依据，以市场占有率、品牌形象和最终利润为目标，真正按照有效需求来策划价格。

需求导向定价法的特点是平均成本相同的同一产品价格随需求变化而变化，一般是以该产品的历史价格为基础，根据市场需求的变化情况，在一定的幅度内变动价格，以致同一商品可以按两种或两种以上的价格销售。这种差价可以因顾客的购买能力、对产品的需求、产品的型号和式样以及时间、地点等因素而不同。

3. 竞争导向定价法

竞争导向定价法是二手车流通企业根据市场竞争状况确定商品价格的一种定价方式，是以企业所处的行业地位和竞争地位而制定价格的一种方法。其特点是价格与成本、需求不发生直接关系。它主要以竞争对手的价格为基础，并与竞争产品价格保持一定的比例。即竞争产品成本和市场需求未变，即使产品成本或市场需求变动了，也应维持原价；竞争品价格变动，即使产品成本和市场需求未变，也应相应地调整价格。

在上述定价方法中，企业要考虑产品成本、市场需求和竞争形势，研究价格怎样适应这些因素。但在实际定价中，企业往往只能侧重于考虑某一因素，选择某种定价方法，并通过一定的定价政策对计算结果进行修订。

成本加成定价法深受欢迎，主要是由于以下原因：

(1) 定价工作简化。由于成本的不确定性一般比需求的不确定性小得多，定价着眼于成本可以使定价工作大大简化，不必随时依需求的变化而频繁调整。

(2) 可降低价格竞争程度。只要同行企业都采用这种定价方法，那么在成本与加成率相似的情况下价格也大致相同，这样可以使价格竞争降至最低限度。

(3) 对买卖双方都较为公平。卖方不利用买方需求量增大的优势趁机哄抬物价，因而有利于买方，固定的加成率也可以使卖方获得相当稳定的投资收益。

因此，推荐使用成本加成法来对二手车销售进行定价。

(四) 二手车销售的定价策略

二手车销售的定价策略是指二手车流通企业根据市场中不同的变化因素对二手车价格的影响程度采用不同的定价方法，制定出适合市场变化的二手车销售价格，进而实现定价目标的企业营销战术。定价是否恰当，不仅直接关系到二手车的销量和企业的利润，而且还关系到企业其他营销策略的制定。营销中定价策略的意义在于挖掘新的市场机会，实现企业的整体销售目标。

1. 阶段定价策略

阶段定价策略是根据产品寿命周期各阶段不同的变化因素对二手车价格的影响程度采用不同的定价目标和对策。投入期以打开市场为主，成长期以获取目标利润为主，成熟期以保持市场份额、利润总量最大为主，衰退期以回笼资金为主。另外，还要兼顾不同时期的市场行情，相应修改二手车销售价格。

2. 心理定价策略

心理定价策略就是在补偿成本的基础上，按消费者不同的心理需求确定二手车价格和变价幅度。不同的消费者有不同的消费心理，有的注重经济实惠，有的注重品牌产品，有的注重产品的文化情感含量，有的追赶消费潮流。尾数定价策略就是企业针对消费者的求廉心理制定的。价格尾数的微小差别，能够明显影响消费者的购买行为，会给消费者最低价格的心理感觉。如某品牌的二手车标价 69 998 元，给消费者以便宜的感觉，认为只要不到 7 万元就能买到一台质感不错的品牌二手车。

3. 折扣定价策略

二手车流通企业在市场营销活动中，为了促进销售者和消费者更多地销售和购买本企业的产品，往往会根据交易数量、付款方式等条件的不同，在价格上给销售者和消费者一定的减让，这种企业给销售者和消费者一定程度的价格减让就是折扣。灵活运用价格折扣策略，可以鼓励需求、刺激购买，有利于企业搞活经营，提高经济效益。

(五) 二手车销售价格的确定

二手车流通企业通过以上程序制定的价格只是二手车的基本价格，仅确定了价格的范围和变化的途径。为了实现定价目标，二手车流通企业还需要考虑国家的价格政策、用户的要求、产品的性价比、品牌价值及服务水平，灵活应用各种定价策略对基本价格进行调整，同时将价格策略和其他营销策略结合起来，如针对不同消费心理的心理定价和让利促销的各种折扣定价等，以确定具体的最终销售价格。

 操作训练

一、办理交易过户业务

二手车过户实际上分为两个步骤：车辆交易过户和转移登记过户，两个步骤缺一不可。交易过户业务在二手车交易市场里办理，获取二手车销售统一发票。转移登记过户业务在车管所办理，主要完成机动车登记证书的变更登记、核发机动车行驶证及机动车号牌。

办理二手车交易时，如果原车主不来，可以授权委托他人来办理交易及过户手续，但必须签署有授权的委托书，示范文本如下(此委托书只在办理交易过户业务时使用，而办理转移登记过户业务时不用)：

二手车交易过户委托书(示范文本)

＿＿＿＿＿＿＿＿市(县)公安局交通警察支(大)队车辆管理所

兹委托＿＿＿＿＿＿＿＿＿＿＿办理号牌号码为＿＿＿＿＿＿＿＿＿＿＿＿＿、车辆识别代号为

＿＿＿＿＿＿＿＿＿＿＿的机动车的＿＿＿＿＿＿＿业务，委托人在上述事项内所签署的有关文件资料

及提供的手续，均是委托人真实意思的表达，本委托人均予以承认并承担相应的法律责任。

委托时限：＿＿＿＿年＿＿＿＿月＿＿＿＿日到＿＿＿＿年＿＿＿＿月＿＿＿＿日。

委托人签字(或盖章)：＿＿＿＿＿＿＿　　受托人签字(或盖章)：＿＿＿＿＿＿＿

签署日期：＿＿＿＿年＿＿＿月＿＿＿日　　　　＿＿＿＿年＿＿＿月＿＿＿日

注明：

1. 受托人已核实委托人情况，并保证本委托书的真实性。

2. 本委托书由受托人提交，受托人保证仅在受托范围内办理业务。

3. 委托人，受托人的身份证或组织机构代码证等作为本委托书的附件附后。

4. 申请补领机动车登记证书不得代办。

5. 委托书的填写应准确完整，不得涂改，否则无效。

6. 委(受)托人为个人的签名，或为单位的公章。

7. 委(受)托人对本页内容均已明确。

(一) 验车

验车是买卖双方到二手车交易市场办理过户业务的第一道程序，由市场主办方委派负责过户的业务人员办理。验车的目的主要是检查车辆和行驶证上的内容是否一致，对车辆

的合法性进行验证。验车的内容包括车主姓名、车辆名称、车辆的号牌号码、车辆类型、车辆识别代号、发动机号、排气量、初次登记日期等。验车无误后，填写如图 5-5 所示的车辆检验单，进入查验手续阶段。

二手车交易市场车辆检验单

卖方_____   电话_____

买方_____   电话_____

号牌号码_____   车辆类型_____

车辆名称_____   使用性质_____

车辆识别代码_____   发动机号_____

排气量_____ 年份_____ 颜色_____

注册登记日期_____   登记证号_____

原购车价_____ 交易管理费_____ 有效期_____

验车员_____

                                      ___年___月___日

备注：

号牌号码_____ 登记日期_____ 年份_____

厂牌名称_____ 颜色_____ 排气量_____

车辆类型_____ 使用性质_____

原购车价_____ 经办人_____

                                      ___年___月___日

图 5-5 ××市二手车交易市场车辆检验单

(二) 验手续

验手续主要查验车辆手续和机动车所有人的身份证明。目的是检验买卖双方所提供的所有手续和证件是否具备办理过户的条件，检查有无缺失以及不符合规定的手续或证明。

1. 车辆手续查验

(1) 查验证件。查验证件的目的是查验交易车辆的合法性。每辆合法注册登记的机动车都有车辆管理所核发的机动车登记证书和机动车行驶证、机动车号牌，号牌必须悬挂在车体指定位置。二手车交易时主要查验机动车来历凭证、机动车登记证书和机动车行驶证等。

(2) 查验税费缴纳凭证。根据《二手车流通管理办法》规定，二手车交易必须提供车辆购置税、车船税和车辆保险单等税费缴纳凭证。

2. 机动车所有人身份证明

机动车所有人的身份证明是证实车主身份的证明，目的是查验机动车所有人是否合法拥有该车的处置权。车主的身份证明有以下几种情况：

(1) 如果车主为自然人，则身份证件为个人身份证。个人身份又有本地和外地个人之分：本市个人，只需身份证原件；外地个人，需身份证原件和暂住证原件。

(2) 如果车主为企业，则身份证件为企业的法人代码证书。

(3) 如果车主为外籍公民，则身份证件为其护照及工作(居留)证。

根据《二手车交易规范》规定，二手车交易市场经营者和二手车经营主体应按下列项目确认卖方的身份及车辆的合法性：

(1) 卖方身份证明或者机构代码证书原件合法有效。

(2) 车辆号牌、机动车登记证书、机动车行驶证、机动车安全技术检验合格标志真实、合法、有效。

(3) 交易车辆不属于《二手车流通管理办法》第二十条规定禁止交易的车辆。

同时，二手车交易市场经营者和二手车经营主体应该核实卖方的所有权或处置权证明。车辆所有权或处置权证明应符合下列条件：

(1) 机动车登记证书、机动车行驶证与卖方身份证明名称一致；国家机关、国有企事业单位出售的车辆，应附有资产处理证明。

(2) 委托出售的车辆，卖方应提供车主授权委托书和身份证明。

(3) 二手车经销企业销售的车辆，应具有车辆收购合同等能够证明经销企业拥有该车所有权或处置权的相关材料，以及原车主身份证明复印件。原车主名称应与机动车登记证书、机动车行驶证上的名称一致。

(三) 查违法

查违法就是查询交易的二手车是否有违法行为记录。具体方法是登录车辆管理部门的信息数据库或相关网站进行查询。

(四) 签订交易合同

根据《二手车流通管理办法》规定，二手车交易双方应该签订交易合同，要在合同当中对二手车的状况、来源合法性、费用负担以及出现问题的解决方法等各方面进行约定，以便分清各自的责任和义务。

二手车经过查验和评估后，其车辆的真实性和价格已基本确定。如果车主不同意评估价格，也可以和二手车销售企业协商达成最终的交易价格，同时，需要原车主对其车辆的一些其他事宜(使用年限、行驶里程、安全隐患、有无违章记录等)作出一个书面承诺，这些都以签订交易合同的形式来确定。交易合同是确立买卖双方交易关系和履行责任的法律合约，是办理交易手续和过户手续的必要凭证之一。

(五) 缴纳手续费

手续费俗称过户费，是指在二手车交易市场中办理交易过户业务相关手续的服务费用。

2005 年 10 月颁布实施《二手车流通管理办法》以后，取消了强制评估，取而代之的是收取服务费。服务费国家没有统一规定，很多二手车交易市场乘用车的服务费是按照汽车的排量、年份来进行定额收取的，小排量少收，大排量多收；车辆越新，服务费越高，然后按使用年份递减，直至最低价。

(六) 开具二手车销售统一发票

二手车销售发票是二手车的来历凭证，是办理转移登记手续变更的重要文件，因此又被称为"过户发票"。过户发票的有效期为一个月，买卖双方应在此期间内，到车辆管理部门办理机动车行驶证、机动车登记证书的相关变更手续。

二手车销售统一发票由从事二手车交易的市场、有开票资格的二手车经销企业或拍卖企业开具；二手车经纪公司和消费者个人之间的二手交易发票由二手车交易市场统一开具。

二手车销售统一发票是采用压感纸印制的计算机票，一式五联。其中存根联、记账联、入库联由开票方留存；发票联交购车方留存；转移登记联交公安车辆管理部门办理过户手续。二手车销售发票的价款中不包括过户手续费和评估费。

开具的二手车销售统一发票必须经驻场工商部门审验合格后，在其上加盖工商行政管理局二手车市场管理专用章后，发票才能生效，此步骤称为"工商验证"。

(七) 二手车交易完成后卖方应向买方交付的手续

二手车交易完成后，卖方应当及时向买方交付车辆、车辆号牌及车辆法定证明、凭证。车辆法定证明、凭证主要包括机动车登记证书、机动车行驶证、有效的机动车安全技术检验合格标志、车辆购置税完税证明、车船税缴付凭证、车辆保险单等。

二、办理车辆转移登记

(一) 同城车辆所有权转移登记

1. 过户登记的程序

(1) 提出申请。现车主向车辆管理所提出机动车产权转移申请，填写如表 5-1 所示的机动车转移登记申请表。

表 5-1　机动车转移登记申请表

机动车登记证书编号				号牌号码		
申请事项	□机动车在车辆管理所管辖区内的转移登记 □机动车转出车辆管理所管辖区的转移登记					
现机动车所有人	姓名/名称				联系电话	
	住所地址				邮政编码	
	身份证明名称		号码		□常住人口　□暂住人口	
	居住/暂住证明名称				号码	

续表

机动车	机动车使用性质	□公路客运　□公交客运　□出租客运　□租赁　□运货　□旅游客运 □非营运　□警用　□消防　□救护　□工程抢险　□营转非　□出租营转非	
	机动车获得方式	□购买　□中奖　□仲裁裁决　□继承　□赠予　□协议抵偿债务 □资产重组　□资产整体买卖　□调拨　□法院调解、裁定、裁决	
	机动车品牌型号		
	车辆识别代号/车架号		
	发动机号码		
相关资料	来历凭证	□销售/交易发票　□调解书　□裁定书　□判决书　□仲裁裁决书 □相关文书　□批准文件　□调拨证明　□权益转让证明书	
	其他	□中华人民共和国海关监管车辆解除监管证明书 □协助执行通知书　□公证书 □身份证明　□行驶证	现机动车所有人：
事项明细	转入地车辆管理所名称	＿＿＿＿＿＿车辆管理所	
申请方式	□由现机动车所有人申请 □现机动车所有人委托＿＿＿＿＿＿＿＿＿＿＿＿＿＿＿＿＿代理申请		（个人签字/单位盖章） 　年　月　日
代理人	姓名/名称		联系电话
	住址地址		
	身份证明名称	号码	代理人：
	经办人 姓　　名		
	经办人 身份证明名称	号码	
	经办人 住所地址		
	经办人 签　　字	年　月　日	（个人签字/单位盖章） 　年　月　日

填表说明：

◆ 填写时使用黑色、蓝色墨水笔，字体工整。

◆ 标注有"□"的为选择项目，选择后在"□"中画"√"。

◆ 现机动车所有人的住所地址栏，属于个人的，填写实际的居住地址；属于单位的填写组织机构代码证书上签注的地址。

◆ 机动车栏的"机动车品牌型号""车辆识别代码/车架号""发动机号码"项目，按照车辆的技术说明书、合格证等资料标注的内容与车辆核对后填写。

◆ 申请方式栏，属于由机动车所有人委托代理单位或者代理人代为申请的，除在"□"内画"√"外，还应当在下画线处填写代理单位或者代理人的全称。

◆ 机动车所有人的签字/盖章栏，属于个人的，由机动车所有人签字；属于单位的，盖单位公章。

◆ 代理人栏，属于个人代理的，填写代理人的姓名、住所地址、身份证明名称、号码，在代理人栏内签名，不必填写经办人姓名等项目；属于单位代理的，应填写代理人栏的所有内容，代理单位应盖单位公章，经办人应签字。

(2) 查验车辆。现车主将机动车送到机动车检测站检测，查验车辆识别代码/车架号码是否有凿改，和车辆识别代号/车架号码的拓印膜是否一致。如果是已经超过检验周期的机动车，还要进行安全检测。

(3) 受理审核资料。受理转移登记申请，查验并收存相关资料，向现车主出具受理凭证，审批相关手续，符合规定的二手车辆在计算机登记系统中确认，不符合规定的说明理由并开具退办单，将资料退回车主。

(4) 办理新旧车主信息资料的转移登记手续，在机动车登记证书上记载转移登记事项。

(5) 收回原机动车行驶证，核发新的机动车行驶证。

(6) 需要改变机动车登记编号的，收回原机动车号牌、机动车行驶证，确定新的机动车登记编号，重新核发机动车号牌、机动车行驶证和检验合格标志。

2. 过户登记需要的材料

(1) 机动车转移登记申请表。

(2) 现车主的身份证明。

(3) 机动车登记证书(原件)。

(4) 机动车行驶证(原件)。

(5) 属于海关监管的机动车，还应当提交中华人民共和国海关监管车辆解除监管证明书或者海关批准的转让证明。

(6) 机动车来历凭证(二手车交易的机动车来历凭证就是二手车销售统一发票)。

(7) 车辆购置税完税证明。

(8) 属于超过检验有效期的机动车，还应当提交机动车安全技术检验合格证明和交通事故责任强制保险凭证。

(9) 所购买的二手车。

3. 过户登记的事项

(1) 现车主的姓名或者单位名称、身份证明名称、身份证明号码、住所地址、邮政编码和联系电话。

(2) 机动车获得方式。机动车获得方式有人民法院调解、裁定、判决、仲裁机构仲裁裁决、购买、继承、赠予、中奖、协议抵偿债务、资产重组、资产整体买卖和调拨等。

(3) 机动车来历凭证的名称、编号。

(4) 转移登记的日期。

(5) 海关解除监管的机动车，登记海关出具的中华人民共和国海关监管车辆解除监管证明书的名称、编号。

(6) 改变后的机动车登记编号。

4. 不能办理过户登记的情形

(1) 机动车所有人提交的证明、凭证无效的。

(2) 机动车来历凭证被涂改或者机动车来历凭证记载的机动车所有人与身份证明不符的。

(3) 机动车所有人提交的证明、凭证与机动车不符的。

(4) 机动车未经国务院机动车产品主管部门许可生产或者未经国家进口机动车主管部门许可进口的。

(5) 机动车的有关技术数据与国务院机动车产品主管部门公告的数据不符的。

(6) 机动车的型号、发动机号码、车辆识别代号或者有关技术数据不符合国家安全技术标准的。

(7) 机动车达到国家规定的强制报废标准的。

(8) 机动车被人民法院、人民检察院、行政执法部门依法查封、扣押的。

(9) 机动车属于被盗抢的。

(10) 机动车与该车档案记载内容不一致的。

(11) 属于海关监管的机动车，海关未解除监管或者批准转让的。

(12) 机动车在抵押登记、质押备案期间的。

(13) 其他不符合法律、行政法规规定的情形。

(二) 异地车辆所有权转移登记

二手车交易后，如果新车主和原车主的住所不在同一城市，不能直接办理机动车登记证书和机动车行驶证等的变更，需要到新车主住所所属的车辆管理所管辖区内办理。这涉及车辆转出和转入登记的问题。

1. 转出登记

车辆转出登记是指在现车辆管理所管辖区内已注册登记的车辆，办理车辆档案转出的手续。

(1) 转出登记程序。现车主提出申请(填写机动车过户、转出、转入登记申请表见表 5-2)→车辆管理所受理审核资料→确认车辆并在机动车登记证书上记载转出登记事项→收回机动车号牌和机动车行驶证→核发临时行驶车号牌，密封机动车档案→交机动车所有人。

表 5-2 机动车过户、转出、转入登记申请表

机动车登记证书编号				号牌号码		
申请事项		□过户　□转出　□转入				
现机动车所有人	姓名/名称			联系电话		
	住所地址			邮政编码		
	暂住地址			邮政编码		
	身份证明名称		号码		□常住人口　□暂住人口	
机动车	机动车使用性质	□公路客运　□公交客运　□出租客运　□旅游客运　□租赁　□货运 □非营运　□警用　□消防　□救护　□工程抢险				
	机动车获得方式	□购买　□法院调解、裁定、判决　□仲裁裁决　□继承　□赠予 □协议抵偿债务　□资产重组　□资产整体买卖　□调拨				
	机动车厂牌型号					
	车辆识别代码/车架号					
	发动机型号					

续表

相关资料	来历凭证	□销售/交易发票　　□调解书　　□裁定书　　□判决书 □仲裁判决书　　□相关文件　　□批准文件　　□调拨证明	
	其他	□中华人民共和国海关监管车辆解除监管证明书 □协助执行通知书　　□机动车档案 □公证书　　□身份证明　　□行驶证	现机动车所有人:
事项明细	转入地名称	省(区)　　　地(市)　　　县(市)	
申请方式	□由现机动车所有人申请 □现机动车所有人委托＿＿＿＿＿＿＿＿＿＿代理申请		(个人签字/单位盖章) 年　月　日
代理人	姓名/名称		联系电话
	住所地址		
	身份证明名称	号码	代理人:
	经办人　姓　名		
	身份证明名称　号码		
	住所地址		(个人签字/单位盖章)
	签　字	年　月　日	年　月　日

(2) 转出登记的规定。根据机动车登记规定，机动车所有人的住所迁出车辆管理所管辖区域的，车辆管理所应当自受理之日起三日内，在机动车登记证书上签注变更事项，收回号牌、行驶证，核发有效期为三十日的临时行驶车号牌，将机动车档案交机动车所有人。机动车所有人应当在临时行驶车号牌的有效期限内到住所地车辆管理所申请机动车转入。

(3) 转出登记需要的资料。现车主在规定的时间内，持下列资料，向原二手车管辖地车辆管理所申请转出登记，并交验车辆。

① 机动车转移登记申请表(有的地区规定需填写机动车定期检验表及机动车档案异动卡)。机动车定期检验表及机动车档案异动卡样例见表 5-3 和表 5-4。

表 5-3　机动车定期检验表

号牌号码	浙 G				
车主		公、私			车主签章
住址		电话			
车辆类型	厂牌型号	车身颜色	驱动	燃料	
			×	油	
发动机号码		车架号码			
与行车执照记录有何变动					
安全联片组初检意见		检验部门结果	现有效期		监管机关审核意见
			年　月止		
			检验员		
			登记员		

表 5-4 机动车档案异动卡

原车主		原号牌号码			
车类		车型			
发动机号码		车架号码			
车辆报废			年	月	日
转籍去向			年	月	日
新车主		新号牌号码			
其他					
备注		经办人			
		档案员			

② 现车主的身份证明。

③ 机动车登记证书原件。

④ 机动车来历凭证(二手车销售发票注册登记联原件)。

⑤ 如果属于解除海关监管的机动车,应当提交监管海关出具的中华人民共和国海关监管车辆解除监管证明书。

⑥ 交回机动车号牌和机动车行驶证。

(4) 转出登记事项。车辆管理所办理转出登记时,要在机动车登记证书上记载下列转出登记事项。

① 现车主的姓名或者单位名称、身份证明名称、身份证明号码、住所地址、邮政编码和联系电话。

② 机动车获得方式。机动车获得方式是指人民法院调解、裁定、判决、仲裁机构仲裁裁决、购买、继承、赠予、中奖、协议抵偿债务、资产重组、资产整体买卖和调拨等。

③ 机动车来历凭证的名称和编号。

④ 转移登记的日期。

⑤ 海关解除监管的机动车,登记海关出具的中华人民共和国海关监管车辆解除监管证明书的名称、编号。

⑥ 改变机动车登记编号的,登记机动车登记编号。

⑦ 登记转入地车辆管理所的名称。完成转出登记的办理后,收回机动车号牌和机动车行驶证,核发临时行驶车号牌,密封机动车档案。交给车主到转入地办理转入手续。

2. 转入登记

(1) 机动车转入登记的条件。

① 现车主的住所属于本地车管所登记规定范围的。

② 转入机动车符合国家机动车登记规定的。

③ 由于各地区对车辆环保要求执行不同的标准,所以车主在将车辆转入转入地前,应

向转入地的车辆管理部门征询该车辆是否符合转入条件。

(2) 转入登记规定。根据《机动车登记规定》，申请机动车转入的，机动车所有人应当填写申请表，提交身份证明、机动车登记证书、机动车档案，并交验机动车。机动车在转入时已超过检验有效期的，应当在转入地进行安全技术检验并提交机动车安全技术检验合格证明和交通事故责任强制保险缴纳凭证。车辆管理所应当自受理之日起三日内，确认机动车，核对车辆识别代号拓印膜，审查相关证明、凭证和机动车档案，在机动车登记证书上签注转入信息，核发号牌、行驶证和检验合格标志。

(3) 转入登记程序。车主提出申请→交验车辆→车辆管理所受理申请→审核资料→在机动车登记证书上记载转入登记事项→核发机动车号牌、机动车行驶证和检验合格标志。

① 提出申请：车主向转入地车辆管理所提出转入申请，填写机动车注册登记/转入申请表(见表 5-5)。

② 交验车辆：车主将机动车送到机动车检测站检测，确认机动车的唯一性。查验车辆识别代号(车架号)有无凿改嫌疑。

③ 车辆管理所受理申请：受理转入登记申请，查验并收存机动车档案，向车主出具受理凭证。

④ 审核资料：审批相关手续，符合规定的在计算机登记系统中确认，不符合规定的说明理由并开具退办单，将资料退回车主。

⑤ 办理转入登记手续：审验合格后，进行机动车号牌选号、照相，确定机动车登记编号，并在机动车登记证书上记载转入登记事项。

⑥ 核发新的机动车号牌、机动车行驶证和检验合格标志。

表 5-5　机动车注册登记/转入申请表

申请事项			□注册登记　□转入		
机动车所有人	姓名/名称			联系电话	
	住所地址			邮政编码	
	身份证明名称		号码		□常住人□　□暂住人□
	居住/暂住证明名称			号码	
机动车	机动车使用性质	□公路客运　□公交客运　□出租客运　□租赁　□运货 □旅游客运　□非营运　□警用　□消防　□救护　□工程抢险 □营转非　□出租营转非			
	机动车获得方式	□购买　□中奖　□仲裁裁决　□继承　□赠予　□协议抵偿债务 □资产重组　□资产整体买卖　□调拨　□法院调解、裁定、裁决			
	机动车品牌型号				
	车辆识别代号/车架号				
	发动机号码				

续表

相关资料	来历凭证	□销售/交易发票　□调解书　□裁定书 □判决书　□仲裁裁决书　□相关文书 □批准文件　□调拨证明　□权益转让证明书	机动车所有人签章
	进口凭证	□货物进口证明　□没收走私汽车、摩托车证明书 □中华人民共和国海关监管车辆进(出)境领(销)牌证通知书	
	其他	□国产机动车的整车出厂合格证　□机动车档案 □身份证明　□协助执行通知书　□公证书	
申请方式		□由现机动车所有人申请 □现机动车所有人委托＿＿＿＿＿＿＿＿＿＿＿代理申请	(个人签字/单位盖章) 　年　月　日

代理人	姓名/名称				代理人签章 (个人签字/单位盖章) 　年　月　日
	住址地址			联系电话	
	身份证明名称		号码		
	经办人	姓　名			
		身份证明名称		号码	
		住所地址			
		签　字		年　月　日	

填表说明：

◆ 填写时使用黑色、蓝色墨水笔，字体工整。

◆ 标注有"□"的为选择项目，选择后在"□"中画"✓"。

◆ 机动车所有人的住所地址栏，属于个人的，填写实际居住的地址；属于单位的，填写组织机构代码证书上签注的地址。

◆ 机动车栏的"机动车品牌型号""车辆识别代码/车架号""发动机号码"项目，按照车辆的技术说明书、合格证等资料标注的内容与车辆核对后填写。

◆ 申请方式栏，属于由机动车所有人委托代理单位或者代理人代为申请的，除在"□"内画"✓"外，还应当在下画线处填写代理单位或者代理人的全称。

◆ 机动车所有人的签字/盖章栏，属于个人的，由机动车所有人签字；属于单位的，该单位公章。

◆ 代理人栏，属于个人代理的，填写代理人的姓名、住所地址、身份证明名称、号码，在代理人栏内签名，不必填写经办人姓名等项目；属于单位代理的，应填写代理人栏的所有内容，代理单位应盖单位公章，经办人应签名。

(4) 转入登记需要的资料。

① 机动车注册登记/转入申请表。

② 车主的身份证明。

③ 机动车登记证书。

④ 机动车密封档案(原封条无断裂、破损)。

⑤ 申请办理转入登记的机动车的标准照片。

⑥ 海关监管的机动车,还应当提交监管海关出具的中华人民共和国海关监管车辆进(出)境领(销)牌照通知书。

(5) 转入登记事项。到车辆管理所办理转入登记时,要在机动车登记证书上记载下列登记事项:

① 车主的姓名或者单位名称、身份证明号码或者单位代码、住所的地址、邮政编码和联系电话。

② 机动车的使用性质。

③ 转入登记的日期。

属于机动车所有权发生转移的,还应当登记下列事项:

① 机动车获得方式。

② 机动车来历凭证的名称、编号和进口机动车的进口凭证的名称、编号。

③ 机动车办理保险的种类、保险的日期和保险公司的名称。

④ 机动车销售单位或者交易市场的名称和机动车销售价格。

(6) 机动车所有人擅自改动、更换机动车或者机动车档案的,不予办理转入登记。

三、办理其他税、证变更

二手车交易中,卖方在变更车辆产权之后还需要进行车辆购置税、保险合同等文件的变更。各地在变更时对文件的要求不同,可以先到规定办理的单位窗口咨询一下。

(一) 车辆购置税的变更

车辆购置税的征收部门是车辆登记注册地的主管税务机关,办理变更时,需填写车辆变动情况登记表,如表 5-6 所示,并携带以下资料办理。

表 5-6 车辆变动情况登记表

填表日期:　　　年　　月　　日

车主名称		邮政编码	
联系电话		地址	
完税证明号码			
车辆原牌号		车辆新牌号	

续表

车辆变动情况				
过户	过户前车主名称			
	过户前车主身份证件及号码			
转籍	转出	车主名称		
		地址		
	转入	车主名称		
		地址		
变更	变 更 项 目			
	发动机	车辆识别代号(车架号码)		其他
	变更前号码		变更前号码	
	变更后号码		变更后号码	
	变更原因:			
接收人:	接收时间: 　年　　月　　日		主管税务机关(章):	
备　注				

填表说明:

◆ 本表由车主到主管税务机关申请办理车辆过户、转籍、变更档案手续时填写。

◆ 办理过户手续的,"完税证明号码"填写过户前原车主提供的完税证明号码。

◆ 办理转籍手续的,"完税证明号码"填写转籍前主管税务机关核发的完税证明号码;转入、转出车主名称应填写同一名称。

◆ 办理既过户又转籍手续的,"完税证明号码"填写过户、转籍前主管税务机关核发的完税证明号码;"转出车主名称及地址"填写过户前车主名称及地址;"转入车主名称及地址"应填写填表车主的名称及地址。

◆ 办理变更手续的,车主本人填写以下各栏:车主名称、邮政编码、联系电话、地址、完税证明号码、车辆原牌号、车辆新牌号及车辆变动情况变更栏。

◆ 本表"备注"栏填写新核发的完税证明号码。

◆ 本表为 A4 型竖式。本表一式二份(一车一表),一份由车主留存,一份由主管税务机关留存。

1. 车辆购置税同城过户业务办理

(1) 办理车辆购置税同城过户业务需要提供的资料(原件及复印件)：新车主的身份证明、二手车交易发票、机动车行驶证、车辆购置税完税证明(正本)。

(2) 办理车辆购置税同城过户业务流程：填写车辆变动情况登记表→报送资料→办理过户→换领车辆购置税完税证明。

2. 车辆购置税转籍(转出)业务办理

(1) 办理转籍(转出)业务提供的资料(原件及复印件)：车主身份证明、车辆交易有效凭证原件(二手车交易发票)、车辆购置税完税证明(正本)、公安车管部门出具的车辆转出证明材料。

(2) 办理转籍(转出)业务流程：填写车辆变动情况登记表→报送资料→领取档案资料袋。

3. 车辆购置税转籍(转入)业务办理

(1) 办理转籍(转入)业务提供的资料：车主身份证明、本地公安车管部门核发的机动车行驶证、车辆交易有效凭证原件(二手车交易发票)、车辆购置税完税证明、档案转移通知书、转出地车辆购置税的封签档案袋。

(2) 办理转籍(转入)业务流程：填写车辆变动情况登记表→报送资料→换领车辆购置税完税证明(正本)。

(二) 车辆保险合同的变更

通常情况下，保险利益随着保险标的所有权的转让而灭失，只有经保险公司同意批改后，保险合同方才重新生效，因此被保险机动车所有权转移的，应当办理机动车保险合同变更手续。

1. 办理车辆保险过户的方式

办理车辆保险过户有两种方式：

(1) 对保单要素进行更改，如更换被保险人与车主。

(2) 申请退保，即把原来的车险退掉，终止以前的合同。这时保险公司会退还剩余的保费，之后新车主就可以到任何一家保险公司去重新办理一份车险。

2. 车辆保险合同变更的程序

(1) 填写一份汽车保险过户申请书，向原投保的保险公司申请办理变更被保险人称谓的手续。申请书上注明保险单号码、车牌号、新旧车主的姓名及过户原因，并签字或盖章，以便保险公司重新核保。

(2) 带保险单和已过户的机动车行驶证，找保险公司的业务部门办理。一般情况下，保险公司都会受理并出具一张变更被保险人的批单，批单上面写明了被保险人的变化情况。

四、二手车收购定价案例

【例 5-1】 某车主急于转让一辆捷达轿车，经过与二手车交易市场经销商洽谈，由经销商收购车辆。车辆基本情况汇总于二手车鉴定估价登记表 5-7 中，试用快速折旧法计算收购价格。

表 5-7 二手车鉴定估价登记表

车主	张三	所有权性质	私	联系电话	××××××××××	
住址	合肥工业大学		经办人	李四		
原始情况	车辆名称	一汽捷达	车型	1.6 L 前卫	生产厂家	一汽大众
	结构特点	普通	发动机型号	***	车架号	LFV2A11******4966
	载重量/座位数/排量	1.6 L		燃料种类		汽油
使用情况	初次登记日期	2010 年 8 月	牌照号	皖 AQ5188	车籍	合肥市
	已使用年限	3 年 6 个月	累计行驶里程	8.1 万千米	工作性质	私用生活车
	大修次数	发动机	/次	工作条件		一般
		整车	/次			
	维修情况	好		现时状态		在用
使用情况	事故情况	无				
	现时技术状况	离合器有打滑现象，变速器挂挡有异响，转向系统低速有摆振现象，转向不灵敏				
手续情况	证件	车牌遗失				
	税费缴纳凭证	齐全、有效				
价值反映	购置日期	2010 年 7 月	账面原值/元	142 000	账面净值/元	
	车主报价/元	74 000	重置价格/元	120 000	初估价格/元	71 000

解 (1) 价格计算。

根据登记表得知，该型号的车现行市场购置价为 120 000 元，规定使用年限 15 年，残值忽略不计。现分别以年份数求和法和双倍余额递减折旧法计算该车辆的折旧额，结果见表 5-8 和表 5-9。这里 K 取机动车重置成本价 120 000 元，机动车规定使用年限 $N=15$ 年，折旧率按直线折旧率 $1/N$ 的两倍取值，即有

$$a = 2 \times \frac{1}{N} = 2 \times \frac{1}{15} = 13.3\%$$

t 为从 2010 年 8 月—2014 年 7 月 4 个年度。

表 5-8 用年份数求和法计算折旧额

年 数	递减系数	年折旧额/元	累计折旧额/元
2010 年 8 月—2011 年 7 月	15/120	15 000	15 000
2011 年 8 月—2012 年 7 月	14/120	14 000	29 000
2012 年 8 月—2013 年 7 月	13/120	13 000	42 000
2013 年 8 月—2014 年 7 月	12/120	12 000	54 000

表 5-9　用双倍余额递减法计算折旧额

年　数	年折旧额/元	累计折旧额/元
2010 年 8 月—2011 年 7 月	16 000	16 000
2011 年 8 月—2012 年 7 月	13 867	29 867
2012 年 8 月—2013 年 7 月	12 018	41 885
2013 年 8 月—2014 年 7 月	10 415	52 300

由于车辆已使用年限为 3 年 6 个月，用年份数求和法和双倍余额递减法计算的折旧额分别为 48 000 元(42 000 元＋12 000 元/2)和 47 093 元(41 885 元＋10 415 元/2)。

(2) 技术状况分析鉴定。

离合器有打滑现象，变速器挂挡有异响，需维修费 700 元；转向系统低速有摆振现象，转向不灵敏，需维修费 1 550 元；车牌遗失，补办费用 100 元。上述费用合计为

$$700 \text{ 元} + 1 550 \text{ 元} + 100 \text{ 元} = 2 350 \text{ 元}$$

(3) 确定收购价格。

根据前述收购价格计算公式，确定收购价格如下：

用年份数求和法计算的收购价格为

$$120 000 \text{ 元} - 48 000 \text{ 元} - 2 350 \text{ 元} = 69 650 \text{ 元}$$

用双倍余额递减法计算的收购价格为

$$120 000 \text{ 元} - 47 093 \text{ 元} - 2 350 \text{ 元} = 70 557 \text{ 元}$$

根据收购价格评估，与车主最后协商后，确定收购价格为 70 000 元，经维修后销售，获利 3 000 元。

【例 5-2】　某车是在半年前购买的，发票上注明的价格是 11.58 万元，该车当时的厂家指导价为 11.98 万元；半年后，厂家和 4S 店加大了对该车型的优惠幅度，优惠达到 1.5 万元，目前提车时，发票上所注价格为 10.48 万元。试确定半年后该车的收购价格。

解　某车是在半年前购买的，发票上注明的价格是 11.58 万元，该车当时的厂家指导价为 11.98 万元，由此可见是优惠了 0.4 万元后购买的。而在半年后，厂家和 4S 店加大了对该车型的优惠幅度，优惠达到 1.5 万元，目前提车时，发票上所注价格为 10.48 万元。那么，根据重置成本法中有关重置成本方面的要求，需要按 10.48 万元作为重置成本。

假使按第一年折旧率 15%～20% 来计算，该车的收购行情约在 8.4 万元至 8.9 万元之间，与该车主原购买价有近 3.2 万元的差距。试想一下，11 万多元购买的新车，使用仅半年，且车况良好，卖车时损失近 3.2 万元，车主显然是无法接受的。

二手车买卖双方都会追求自身利益的最大化，只有在交易双方达成一致认可价格的基础上，才能达成交易。对于这辆车，比较现实的做法就是依据购车发票上的原始价格，即 11.58 万元来进行价值评估，评估价范围在 9.2 万元至 9.8 万元之间。

如果收购价格达到 9.8 万元，与当前新车优惠后的购买价即 10.48 万元过于接近，对二手车经营者来说，必然会造成经营风险；一般会选择 9.2 万元的收购价格，因为选择"9 万出头"这样的收购价，二手车商家再转手时，若增加 0.7 至 0.9 万元的利润，销售价也不会超过 10 万元，这让消费者在心理上也容易接受。如果收购价超过 9.5 万元，那么想不超

过 10 万元转手，利润最多不会超过 0.5 万元。对于二手车经营者而言，这样的利润显得薄了点。但如果转手价超过 10 万元，就与新车售价(10.48 万元)非常接近，消费者是很难接受的。

在现实的二手车收购业务中，除了要参考当前新车的售价以外，有时也要考虑二手车的原始价格，以平衡买卖双方的利益。

二手车经营的最终目的是顺利地达成交易，实现经济利益。对于一些使用年限短，通常为使用一年或一年以内的车辆适用上述办法。对于使用时间超过一年的，采用重置成本法较为有效。

五、二手车销售定价案例

【例 5-3】　某二手车的基本情况如下：

品牌型号为一汽大众捷达 GIF；号牌号码为辽 A55***；发动机号码为 EK5647；车辆识别代号/车架号为 LHK354289***4125；注册登记日期为 2015 年 12 月 20 日；年审检验合格至 2020 年 4 月；有车辆购置税完税证明。

某 4S 店于 2020 年 4 月购置，收购价格为 4.40 万元。

该车欲于 2020 年 5 月销售，如何确定销售价格？

解　(1) 固定成本费用摊销率的确定。

按该 4S 店的固定成本构成情况分析，分摊在二手车销售这一块的固定成本摊销率为 1%。

(2) 变动成本的确定。

① 该车收购价格为 4.40 万元。

② 收购车辆时的运输费用合计为 65 元。

③ 从收购日起到预计的销售日，分摊在该车上的日常维护费用约 400 元。

④ 该车收购后，维修翻新费用合计 3 200 元。

⑤ 车辆存放期间，银行的活期存款利率为 0.35%。

该二手车的变动成本=(收购价格+运输费用+维修费用+维修翻新费用)×(1+利率)

$$=(44\ 000\ 元+65\ 元+400\ 元+3\ 200\ 元)×(1+0.35\%)$$

$$=47\ 832\ 元$$

该二手车的总成本费用=收购价格×固定成本费用摊销率+变动成本

$$=44\ 000\ 元×1\%+47\ 832\ 元$$

$$=48\ 272\ 元$$

(3) 确定销售价格。

按成本加成定价法，本车型属于大众车型，市场保有量较大，且销售情况平稳。根据销售时日的市场行情，一般成本加成率在 6%左右。因此该车的销售价格为

二手车销售价格=该车总成本×(1+成本加成率)

$$=48\ 272\ 元×(1+6\%)$$

$$=51\ 168\ 元$$

(4) 确定最终价格。

① 该 4S 店目前处于比较稳定的经营时期，二手车经销状况也比较稳定，故应以获取

合理利润为目标，所以不调整成本加成率，仍取 6%。

② 汽车是高单价商品，对上述计算结果采用整数定价策略，确定该二手车的最终销售价格为 52 000 元。

任务工单

任务名称	二手车交易实务		班级	
学生姓名		学生学号	任务成绩	
任务目的	掌握二手车直接交易、经销交易及拍卖交易的标准程序及二手车办理转籍过户的程序；能选择合适的定价办法与计算方法，确定不同类型二手车的收购价格与销售价格；掌握引导客户办理二手车转籍过户的能力			

一、知识准备

1. 二手车同城转移登记手续如何？

2. 二手车质量保证有什么意义？

3. 李某 2017 年 2 月份在*海汽车城通过一名网上认识的卖家花了 4 000 元低价买了一辆二手别克轿车，当时对方无法提供机动车登记证书、机动车行驶证、交强险缴费凭证等有效证件和凭证。由于没有合法的证件和各种标志无法上路行驶，卖家为李某提供了一些假的证件和标志。

根据以上资料，可得：

(1) 该案例反映了什么问题？

(2) 对该案例存在的问题进行分析。

(3) 写出你对该案例的认识。

4. 某某二手车公司辩称行驶里程不影响二手车价格，二手车市场普遍存在篡改行驶里程的现象，所以二手车公司不担保仪表盘上所显示的车辆行驶里程的约定，你的看法是什么？

5. 名词解释

(1) 二手车转移登记。

(2) 从二手车交易层面，学生理解对严谨、细致的理解。

二、操作训练

1. 简述二手车直接交易程序。

2. 车辆过户转移登记需办理哪些手续？

续表二

3. 每小组提供一个二手车鉴定评估并模拟交易的活动方案,明确各成员在活动中的相应任务(注明角色),并现场模拟交易。各成员应表现自如,注意表达内容的完整性;上交活动方案(WORD 文档)和模拟情况 PPT。

三、检查与评估

1. 根据自己完成任务的情况,进行自我评估,并提出改进意见。

2. 教师对学生任务完成情况进行检查、评估、点评。

附录A 道路车辆 车辆识别代号(VIN)

GB 16735—2019

1 范围

本标准规定了车辆识别代号的内容与构成、车辆识别代号的标示要求和标示变更要求。

本标准适用于汽车及其非完整车辆、挂车、摩托车和轻便摩托车。

其他需要标示 VIN 的车辆可参照执行。

2 规范性引用文件

下列文件对于本文件的应用是必不可少的。凡是注日期的引用文件,仅注日期的版本适用于本文件,凡是不注日期的引用文件,其最新版本(包括所有的修改单)适用于本文件。

GB/T 15089 机动车辆及挂车分类

GB 16737 道路车辆 世界制造厂识别代号(WMI)

GB/T 18410 车辆识别代号条码标签

GB/T 18411 机动车产品标牌

GB/T 25978 道路车辆 标牌和标签

GB 30509 车辆及部件识别标记

3 术语和定义

GB/T 15089、GB 16737 界定的以及下列术语和定义适用于本文件。

3.1 车辆识别代号 vehicle identification number;VIN

为了识别某一辆车,由车辆制造厂为该车辆指定的一组字码。

3.2 世界制造厂识别代号 world manufacturer identifier;WMI

车辆识别代号(VIN)的第一部分,用以标识车辆的制造厂。当此代号被指定给某个车辆制造厂时,就能作为该厂的识别标志,世界制造厂识别代号在与车辆识别代号的其余部分一起使用时,足以保证 30 年之内在世界范围内制造的所有车辆的车辆识别代号具有唯一性。

3.3 车辆说明部分 vehicle descriptor section;VDS

车辆识别代号(VIN)的第二部分,用以说明车辆的一般特征信息。

3.4 车辆指示部分 vehicle indicator section;VIS

车辆识别代号(VIN)的最后部分,车辆制造厂为区别不同车辆而指定的一组代码。这组代码连同 VDS 部分一起,足以保证每个车辆制造厂在 30 年之内生产的每个车辆的车辆识别代号具有唯一性。

3.5　完整车辆　completed vehicle

已具有设计功能，无须再进行制造作业的车辆。

3.6　非完整车辆　incomplete vehicle

至少由车架、动力系统、传动系统、行驶系统、转向系统和制动系统组成的车辆，但仍需要进行制造作业才能成为完整车辆。

3.7　车辆制造厂　manufacturer

颁发机动车出厂合格证或产品一致性证明并承担车辆产品责任和 VIN 的唯一性责任，且与装配厂所在位置无关的厂商或公司。

3.8　非完整车辆制造厂　incomplete vehicle manufacturer

将部件装配起来制造成为非完整车辆的车辆制造厂，这些部件没有一件能单独构成一辆非完整车辆。

3.9　最后阶段制造厂　final-stage manufacturer

在非完整车辆上进行制造作业使之成为完整车辆，或在完整车辆上继续进行制造作业的车辆制造厂。

3.10　中间阶段制造厂　intermediate manufacturer

在两阶段或多阶段制造的车辆上进行制造作业的车辆制造厂，它既不是非完整车辆制造厂，也不是最后阶段制造厂。

3.11　年份　year

制造车辆的历法年份或车辆制造厂决定的车型年份。

3.12　车型年份　model year

由车辆制造厂为某个单独车型指定的年份，只要实际生产周期不超过 24 个月，可以和历法年份不一致。若实际生产周期不跨年，车型年份应与历法年份一致；若实际生产周期跨年，车型年份应包含且仅包含其指定年份代码对应的历法年份的 1 月 1 日。

3.13　装配厂　assembly plant

车辆制造厂标示 VIN 的生产厂或生产线。

3.14　分隔符　divider

用以分隔车辆识别代号的各个部分或用以规定车辆识别代号的界线(开始和终止)的符号、字码或实际界线。

3.15　重新标示或变更标识符　modification identifier

用以甄别车辆识别代号发生重新标示或变更的标识符。

3.16　检验位　check digit

单独的一位数字或字母 X，用于检测车辆识别代号誊写的准确性。

4　车辆识别代号的内容与构成

4.1　车辆识别代号的基本构成

车辆识别代号由世界制造厂识别代号(WMI)、车辆说明部分(VDS)、车辆指示部分(VIS)三部分组成，共17位字码。

对年产量大于或等于 1 000 辆的完整车辆和/或非完整车辆制造厂，车辆识别代号的第一部分为世界制造厂识别代号(WMI)；第二部分为车辆说明部分(VDS)；第三部分为车辆指示部分(VIS)(如图 1 所示)。

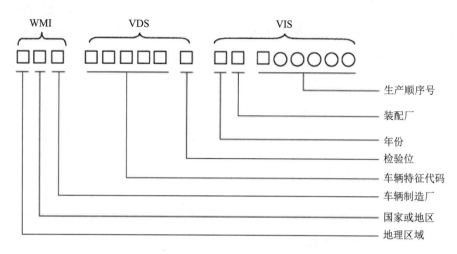

□—代表字母或数字；○—代表数字。

图 1　年产量大于或等于 1 000 辆的完整车辆和/或非完整车辆制造厂车辆识别代号结构示意图

对年产量小于 1 000 辆的完整车辆和/或非完整车辆制造厂，车辆识别代号的第一部分为世界制造厂识别代号(WMI)；第二部分为车辆说明部分(VDS)；第三部分的三、四、五位与第一部分的三位字码一起构成世界制造厂识别代号(WMI)，其余五位为车辆指示部分(VIS)(如图 2 所示)。

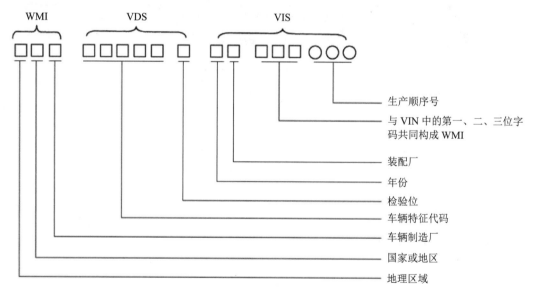

□—代表字母或数字；○—代表数字。

图 2　年产量小于 1 000 辆的完整车辆和/或非完整车辆制造厂车辆识别代号结构示意图

4.2　世界制造厂识别代号(WMI)

世界制造厂识别代号(WMI)是车辆识别代号的第一部分，由车辆制造厂所在国家或地区的授权机构预先分配，WMI 应符合 GB 16737 的规定。

4.3   车辆说明部分(VDS)

4.3.1   车辆说明部分(VDS)是车辆识别代号的第二部分，由六位字码组成(即 VIN 的第四位～第九位)。如果车辆制造厂不使用其中的一位或几位字码，应在该位置填入车辆制造厂选定的字母或数字占位。

4.3.2   VDS 第一～五位(即 VIN 的第四～八位)应对车辆一般特征进行描述，其组成代码及排列次序由车辆制造厂决定：

　　a) 车辆一般特征包括但不限于：

　　——车辆类型(例如：乘用车、货车、客车、挂车、摩托车、轻便摩托车、非完整车辆等)；

　　——车辆结构特征(例如：车身类型、驾驶室类型、货箱类型、驱动类型、轴数及布置方式等)；

　　——车辆装置特征(例如：约束系统类型、动力系统特征、变速器类型、悬架类型等)；

　　——车辆技术特性参数(例如：车辆质量参数、车辆尺寸参数、座位数等)。

　　b) 对于以下不同类型的车辆，在 VDS 中描述的车辆特征至少应包括表 1 中规定的内容。

表 1   车辆特征描述

车辆类型	车 辆 特 征
乘用车	车身类型、动力系统特征 [a]
客车	车辆长度、动力系统特征 [a]
货车(含牵引车、专用作业车)	车身类型、车辆最大设计总质量、动力系统特征 [a]
挂车	车身类型、车辆最大设计总质量
摩托车和轻便摩托车	车辆类型、动力系统特征 [a]
非完整车辆	车身类型 [b]、车辆最大设计总质量、动力系统特征 [a]

　a　其中对于仅发动机驱动的车辆至少包括对燃料类型、发动机排量和/或发动机最大净功率的描述；对于其他驱动类型的车辆，至少应包括驱动电机峰值功率(若车辆具有多个驱动电机，应为多个驱动电机峰值功率之和；对于其他驱动类型的摩托车应描述驱动电机额定功率)、发动机排量和/或发动机最大净功率(若有)的描述。

　b　车身类型分为承载式车身、驾驶室-底盘、无驾驶室-底盘等。

4.3.3   VDS 的最后一位(即 VIN 的第九位字码)为检验位，检验位应按照附录 A 规定的方法计算。

4.4   车辆指示部分(VIS)

4.4.1   车辆指示部分(VIS)是车辆识别代号的第三部分，由八位字码组成(即 VIN 的第十～十七位)。

4.4.2   VIS 的第一位字码(即 VIN 的第十位)应代表年份。年份代码按表 2 规定使用(30 年循环一次)。车辆制造厂若在此位使用车型年份，应向授权机构备案每个车型年份的起止日期，并及时更新；同时在每一辆车的机动车出厂合格证或产品一致性证书上注明使用了车型年份。

表 2　年份代码表

年份	代码	年份	代码	年份	代码	年份	代码
1991	M	2001	1	2011	B	2021	M
1992	N	2002	2	2012	C	2022	N
1993	P	2003	3	2013	D	2023	P
1994	R	2004	4	2014	E	2024	R
1995	S	2005	5	2015	F	2025	S
1996	T	2006	6	2016	G	2026	T
1997	V	2007	7	2017	H	2027	V
1998	W	2008	8	2018	J	2028	W
1999	X	2009	9	2019	K	2029	X
2000	Y	2010	A	2020	L	2030	Y

4.4.3　VIS 的第二位字码(即 VIN 的第十一位)应代表装配厂。

4.4.4　如果车辆制造厂生产年产量大于或等于 1 000 辆的完整车辆和/或非完整车辆，VIS 的第三～八位字码(即 VIN 的第十二～十七位)用来表示生产顺序号。

4.4.5　如果车辆制造厂生产年产量小于 1 000 辆的完整车辆和/或非完整车辆，则 VIS 的第三、四、五位字码(即 VIN 的第十二～十四位)应与第一部分的三位字码一同表示一个车辆制造厂，VIS 的第六、七、八位字码(即 VIN 的第十五～十七位)用来表示生产顺序号。

4.5　字码

在车辆识别代号中仅应使用下列阿拉伯数字和大写的罗马字母。

1 2 3 4 5 6 7 8 9 0
A B C D E F G H J K L M N P R S T U V W X Y Z
(字母 I、O 及 Q 不能使用)

4.6　分隔符

分隔符的选用由车辆制造厂自行决定，例如：☆、★。分隔符不得使用车辆识别代号的任何字码及可能与之混淆的字码，不得使用重新标示或变更标识符及可能与之混淆的符号。

5　车辆识别代号的标示位置

5.1　每辆车辆都应具有唯一的车辆识别代号，并永久保持地标示在车辆上，同一车辆上标示的所有的车辆识别代号的字码构成与排列顺序应相同。除第 9 章规定的情况外，不得对已标示的车辆识别代号进行变更。

5.2　车辆应在产品标牌上标示车辆识别代号(L_1、L_3 类车辆可除外)，产品标牌的形式、标示位置、标示要求应符合 GB/T 18411 的规定。

5.3　车辆应至少有一个车辆识别代号直接打刻在车架(无车架的车辆为车身主要承载且不能拆卸的部件)能防止锈蚀、磨损的部位上。其中：

a) M_1 类车辆的车辆识别代号应打刻在发动机舱内能防止替换的车辆结构件上，或打刻在车门立柱上，如受结构限制没有打刻空间时也可打刻在右侧除行李舱外的车辆其他结构件上；

b) 最大设计总质量大于或等于 12 000 kg 的货车及所有牵引杆挂车，车辆识别代号应打刻在右前轮纵向中心线前端纵梁外侧，如受结构限制也可打刻在右前轮纵向中心线附近纵梁外侧；

c) 半挂车和中置轴挂车的车辆识别代号应打刻在右前支腿前端纵梁外侧(无纵梁车辆除外)；

d) 其他汽车和无纵梁挂车的车辆识别代号应打刻在车辆右侧前部的车辆结构件上，如受结构限制也可打刻在右侧其他车辆结构件上。

打刻车辆识别代号的部件不应采用打磨、挖补、垫片、凿改、重新涂漆(设计和制造上为保护打刻的车辆识别代号而采取涂漆工艺的情形除外)等方式处理，从上(前)方观察时，打刻区域周边足够大面积的表面不应有任何覆盖物，如有覆盖物，该覆盖物的表面应明确标示"车辆识别代号"或"VIN"字样，且覆盖物在不使用任何专用工具的情况下能直接取下(或揭开)及复原，以方便地观察到足够大的包括打刻区域的表面。

注 1：打刻区域周边足够大面积的表面(足够大的包括打刻区域的表面)是指打刻车辆识别代号的部件的全部表面，但所暴露表面能满足查看打刻车辆识别代号的部件有无挖补、重新焊接、粘贴等痕迹的需要时，也应视为满足要求。

注 2：对摩托车，打刻的车辆识别代号在不举升车辆的情形下可观察、拓印的，视为满足要求。

打刻的车辆识别代号从上(前)方应易于观察、拓印，对于汽车和挂车还应能拍照。

5.4 具有电子控制单元的汽车，其至少有一个电子控制单元应不可篡改地存储车辆识别代号。

5.5 M_1、N_1 类车辆应在靠近风窗立柱的位置标示车辆识别代号，该车辆识别代号在白天不需移动任何部件从车外即能清晰识读。

5.6 除按照 5.2、5.3、5.4、5.5 规定标示车辆识别代号之外，M_1 类车辆还应在行李舱的易见部位标示车辆识别代号；且若车辆制造厂选取车辆识别代号作为车辆及部件识别标记的标识信息，还应按照 GB 30509 的规定，标示车辆识别代号。

5.7 除按照 5.2、5.3、5.4 规定标示车辆识别代号之外，最大设计总质量大于或等于 12 000 kg 的栏板式、仓栅式、自卸式、罐式货车及最大设计总质量大于或等于 10 000 kg 的栏板式、仓栅式、自卸式、罐式挂车还应在其货箱或常压罐体(或设计和制造上固定在货箱或常压罐体上且用于与车架连接的结构件)上打刻至少两个车辆识别代号。打刻的车辆识别代号应位于货箱(常压罐体)左、右两侧或前端面且易于拍照；且若打刻在货箱(常压罐体)左、右两侧时，打刻的车辆识别代号距货箱(常压罐体)前端面的距离应小于或等于 1 000 mm，若打刻在左、右两侧连接结构件时应尽量靠近货箱(常压罐体)前端面。

5.8 车辆制造厂应至少在一种随车文件中标示车辆识别代号。

6 车辆识别代号的标示方式和要求

6.1 车辆识别代号采用人工可读码，或人工可读码与机器可读码组合，或电子数据的形式进行标示。

6.2 车辆识别代号直接打刻在车辆上；或通过标签粘贴在车辆上；或通过不可篡改的方式将符合相应标准规定的电子数据存储在电子控制单元存储器内的方式进行标示。除 M_1 类车辆(不含多阶段制造完成的 M_1 类车辆)之外的其他车辆，还可通过标牌永久保持地固定在车辆上。

车辆识别代号采用直接打刻的方式进行标示时应满足下述要求：

a) 按照 5.3、5.7 规定标示车辆识别代号时，对于汽车及挂车，直接打刻的字码字高应大于或等于 7.0 mm、字码深度应大于或等于 0.3 mm(乘用车及总质量小于或等于 3 500 kg 的封闭式货车深度应大于或等于 0.2 mm)，对于摩托车，直接打刻的字码字高应大于或等于 5.0 mm、字码深度应大于或等于 0.2 mm；打刻的车辆识别代号总长度应小于或等于 200 mm。

b) 除按照 5.3、5.7 规定标示车辆识别代号外，直接打刻的字码字高应大于或等于 4.0 mm。

c) 打刻的车辆识别代号的字码的字体和大小应相同(打刻在不同部位的车辆识别代号除外)，且字码间距应紧密、均匀；若打刻的车辆识别代号两端使用分隔符，则分隔符与字码的间距亦应紧密、均匀。

车辆识别代号采用标签粘贴的方式进行标示时应满足下述要求：

a) 标签应满足 GB/T 25978 规定的一般性能、防篡改性能及防伪性能要求；

b) 当车辆识别代号仅采用人工可读码标示时，人工可读码字码高度应大于或等于 4.0 mm；当车辆识别代号采用人工可读码和机器可读码组合的形式标示时，应满足 GB/T 18410 的要求。

6.3 车辆识别代号直接打刻在车辆上、标示在标签或标牌上时，应尽量标示在一行，此时可不使用分隔符；若由于技术原因必须标示在两行时，应保持 4.1 中定义 VIN 三个部分的独立完整性，两行之间不应有空行，每行的开始与终止处应选用同一个分隔符。

6.4 车辆识别代号在文件上标示时应标示在一行，不应有空格，不应使用分隔符。

7 车辆制造厂的标示责任

7.1 每个完整车辆和/或非完整车辆制造厂应负责按第 5 章、第 6 章的规定在每辆车上标示车辆识别代号，并应在随车的产品使用说明书中对 5.2、5.3、5.7 规定的车辆识别代号的标示位置及其标示方式加以说明。

7.2 中间阶段制造厂和最后阶段制造厂进行多阶段车辆制造时，应保留上一阶段完整车辆或非完整车辆原有的车辆识别代号；并将该车辆识别代号完整地标示在多阶段制造完成的车辆的产品标牌上，若空间允许，亦可将该车辆识别代号完整地标示在多阶段制造完成的车辆部件上；并应在随车的产品使用说明书中对 5.2、5.3、5.7 规定的车辆识别代号的标示位置及其标示方式加以说明。

如果最后阶段制造厂在非完整车辆上进行制造作业，多阶段制造完成的车辆的车身部件使原车的车辆识别代号不易被观察到，最后阶段制造厂应负责按照符合本标准规定的标示位置和标示方式将原车的车辆识别代号标示出来。

如果最后阶段制造厂在无完整驾驶室的非完整车辆上进行制造作业，且多阶段制造完成的车辆属于 M_1、N_1 类车辆，则最后阶段制造厂应负责按照符合本标准对 M_1、N_1 类车辆规定的标示位置和标示方式将原车的车辆识别代号标示出来。

8　车辆识别代号的编制规则

8.1　车辆制造厂应按照本标准的规定制定本企业的车辆识别代号编制规则，车辆识别代号编制规则应包括对车辆识别代号各位字码的编码规则、车辆识别代号的标示位置及标示方式等内容的详细规定。

8.2　车辆制造厂的车辆识别代号编制规则应提交授权机构审核和备案。

8.3　车辆制造厂应按照通过审核和备案的车辆识别代号编制规则为每个车辆产品标示车辆识别代号。

8.4　进口车辆制造厂应符合8.1～8.3的规定。

8.5　出口车辆执行车辆进口地的车辆识别代号相关要求。

9　已标示的车辆识别代号的重新标示或变更

9.1　车辆识别代号重新标示或变更原因

9.1.1　需要对已标示的车辆识别代号进行重新标示或变更时，车辆制造厂应向授权机构提出申请，获得批准后，方可进行车辆识别代号的重新标示或变更。车辆制造厂应永久保存重新标示或变更后的车辆相关信息，并按照相关要求向授权机构备案。每个车辆仅允许进行一次重新标示或变更。

9.1.2　车辆制造厂在按照第5章规定进行打刻车辆识别代号期间，因打刻设备发生故障等原因，造成打刻的车辆识别代号不满足6.2的要求时(如：打刻的车辆识别代号的字高或字深不满足要求；打刻的车辆识别代号模糊或不连续、车辆识别代号打刻区域存在表面缺陷等情况)，车辆制造厂应在获得批准后，按照9.2的规定重新打刻车辆识别代号。重新打刻的车辆识别代号字码构成与排列顺序应与原车辆识别代号保持一致。车辆制造厂不得对车辆其他位置标示的车辆识别代号进行重新标示。

9.1.3　因检验位计算错误造成已标示的车辆识别代号不满足4.3.3的要求时，车辆制造厂应在获得批准后，按照9.2的要求对已标示的车辆识别代号进行变更。除检验位外，变更后的车辆识别代号的字码构成与排列顺序应与原车辆识别代号保持一致。

9.1.4　因其他原因需要对已标示的车辆识别代号进行变更时，车辆制造厂应向授权机构提出申请，获得批准后，车辆制造厂应按照9.2的要求对已标示的车辆识别代号进行变更。

9.2　车辆识别代号重新标示或变更的技术要求

9.2.1　重新标示或变更后的车辆亦应具有唯一的车辆识别代号，重新标示或变更的车辆识别代号亦应满足6.2的要求。

9.2.2　车辆制造厂对已按照第5章规定打刻的车辆识别代号进行重新标示时应满足下述要求：

　　a) 车辆制造厂应在原车辆识别代号两端紧密相连地打刻图3所示重新标示或变更标识符，重新标示或变更标识符外圆直径应大于或等于原车辆识别代号的字码高度、深度应大于或等于原车辆识别代号的字码深度。

图3　重新标示或变更标识符

  b) 车辆制造厂应在原车辆识别代号紧密相连的位置打刻重新标示的车辆识别代号(如图 4 所示);对于 M_1、N_1、L_1、L_3 类车辆,如受结构限制,也可在其他符合第 5 章规定的部位打刻重新标示的车辆识别代号。

9.2.3　车辆制造厂对已按照第 5 章规定打刻的车辆识别代号进行变更时应满足下述要求:

  a) 车辆制造厂应在原车辆识别代号两端紧密相连地打刻图 3 所示重新标示或变更标识符,重新标示或变更标识符外圆直径应大于或等于原车辆识别代号的字码高度、深度应大于或等于原车辆识别代号的字码深度。

  b) 车辆制造厂应在原车辆识别代号中需要变更的字码上打刻"X",并应在原车辆识别代号紧密相连的位置打刻变更后的车辆识别代号(如图 5 所示);对于 M_1、N_1、L_1、L_3 类车辆,如受结构限制,可不打刻"X",同时也可在其他符合第 5 章规定的部位打刻变更后的车辆识别代号(如图 6 所示)。

图 4　重新标示的车辆识别代号位置示意图

图 5　除 M_1、N_1、L_1、L_3 类车辆之外的车辆的车辆识别代号变更示意图

图 6　M_1、N_1、L_1、L_3 类车辆的车辆识别代号变更示意图

9.2.4   对通过标签或标牌或电子控制单元存储器标示的车辆识别代号进行变更时，车辆制造厂应通过更换标签或更换标牌或更换电子控制单元(或在可控授权下改写电子数据)的方式进行变更。

10   标准的实施日期

本标准自实施之日起实施，以下要求自本标准实施之日起第 13 个月开始实施。在此之前，车辆制造厂可提前实施。

——4.3.2 中表 1 中脚注 a 的要求；

——6.2 中关于 M_1 类车辆(不含多阶段制造完成的 M_1 类车辆)不允许使用标牌进行标示的要求。

附录 A

(规范性附录)
检验位计算方法

VIN 的第九位字码(即 VDS 部分的第六位)为检验位，检验位可以是 0～9 中任一数字或字母"X"。车辆制造厂在确定了 VIN 的其他十六位代码后，应通过以下方法计算得出检验位：

a) 车辆识别代号中的数字和字母对应值如表 A.1、表 A.2 所示。

表 A.1   数字对应值

VIN 中的数字	0	1	2	3	4	5	6	7	8	9
对应值	0	1	2	3	4	5	6	7	8	9

表 A.2   字母对应值

VIN 中的字母	A	B	C	D	E	F	G	H	J	K	L	M	N	P	R	S	T	U	V	W	X	Y	Z
对应值	1	2	3	4	5	6	7	8	1	2	3	4	5	7	9	2	3	4	5	6	7	8	9

b) 按表 A.3 给车辆识别代号中的每一位指定一个加权系数。

表 A.3   加 权 系 数

VIN 中的位置	1	2	3	4	5	6	7	8	9	10	11	12	13	14	15	16	17
加权系数	8	7	6	5	4	3	2	10	*	9	8	7	6	5	4	3	2

c) 将检验位之外的 16 位每一位的加权系数乘以此位数字或字母的对应值，再将各乘积相加，求得的和被 11 除。

d) 除得的余数即为检验位；如果余数是 10，检验位应为字母 X。

示例：

通过表 A.4 的示例说明检验位的确定过程。

表 A.4 示 例

VIN 中的位置	1	2	3	4	5	6	7	8	9	10	11	12	13	14	15	16	17
VIN 代号	L	F	W	A	D	R	J	F		1	1	0	0	2	3	4	6
对应值	3	6	6	1	4	9	1	6		1	1	0	0	2	3	4	6
加权系数	8	7	6	5	4	3	2	10	*	9	8	7	6	5	4	3	2
乘积总和	24 + 42 + 36 + 5 + 16 + 27 + 2 + 60 + 9 + 8 + 0 + 0 + 10 + 12 + 12 + 12 = 275																
余数	275/11 = 25 余 0																

经上述计算，确定此 VIN 代号中的检验位字码为 0。

则该车辆的完整的 VIN 代号为：LFWADRJF011002346。

附录 B　二手车流通管理办法

(2005 年 8 月 29 日商务部、公安部、工商总局、国家税务总局令第 2 号公布根据 2017 年 9 月 14 日《商务部关于废止和修改部分规章的决定》修订)

第一章　总　则

第一条　为加强二手车流通管理，规范二手车经营行为，保障二手车交易双方的合法权益，促进二手车流通健康发展，依据国家有关法律、行政法规，制定本办法。

第二条　在中华人民共和国境内从事二手车经营活动或者与二手车相关的活动，适用本办法。

本办法所称二手车，是指从办理完注册登记手续到达到国家强制报废标准之前进行交易并转移所有权的汽车(包括三轮汽车、低速载货汽车，即原农用运输车，下同)、挂车和摩托车。

第三条　二手车交易市场是指依法设立、为买卖双方提供二手车集中交易和相关服务的场所。

第四条　二手车经营主体是指经工商行政管理部门依法登记，从事二手车经销、拍卖、经纪、鉴定评估的企业。

第五条　二手车经营行为是指二手车经销、拍卖、经纪、鉴定评估等。

(一) 二手车经销是指二手车经销企业收购、销售二手车的经营活动；

(二) 二手车拍卖是指二手车拍卖企业以公开竞价的形式将二手车转让给最高应价者的经营活动；

(三) 二手车经纪是指二手车经纪机构以收取佣金为目的，为促成他人交易二手车而从事居间、行纪或者代理等经营活动；

(四) 二手车鉴定评估是指二手车鉴定评估机构对二手车技术状况及其价值进行鉴定评估的经营活动。

第六条　二手车直接交易是指二手车所有人不通过经销企业、拍卖企业和经纪机构将车辆直接出售给买方的交易行为。二手车直接交易应当在二手车交易市场进行。

第七条　国务院商务主管部门、工商行政管理部门、税务部门在各自的职责范围内负责二手车流通有关监督管理工作。

省、自治区、直辖市和计划单列市商务主管部门(以下简称省级商务主管部门)、工商行政管理部门、税务部门在各自的职责范围内负责辖区内二手车流通有关监督管理工作。

第二章　设立条件和程序

第八条　二手车交易市场经营者、二手车经销企业和经纪机构应当具备企业法人条件，并依法到工商行政管理部门办理登记。

第九条　设立二手车拍卖企业(含外商投资二手车拍卖企业)应当符合《中华人民共和国拍卖法》和《拍卖管理办法》有关规定，并按《拍卖管理办法》规定的程序办理。

第十条　外资并购二手车交易市场和经营主体及已设立的外商投资企业增加二手车经营范围的，应当按第九条规定的程序办理。

第三章　行 为 规 范

第十一条　二手车交易市场经营者和二手车经营主体应当依法经营和纳税，遵守商业道德，接受依法实施的监督检查。

第十二条　二手车卖方应当拥有车辆的所有权或者处置权。二手车交易市场经营者和二手车经营主体应当确认卖方的身份证明，车辆的号牌、《机动车登记证书》、《机动车行驶证》，有效的机动车安全技术检验合格标志、车辆保险单、交纳税费凭证等。

国家机关、国有企事业单位在出售、委托拍卖车辆时，应持有本单位或者上级单位出具的资产处理证明。

第十三条　出售、拍卖无所有权或者处置权车辆的，应承担相应的法律责任。

第十四条　二手车卖方应当向买方提供车辆的使用、修理、事故、检验以及是否办理抵押登记、交纳税费、报废期等真实情况和信息。买方购买的车辆如因卖方隐瞒和欺诈不能办理转移登记，卖方应当无条件接受退车，并退还购车款等费用。

第十五条　二手车经销企业销售二手车时应当向买方提供质量保证及售后服务承诺，并在经营场所予以明示。

第十六条　进行二手车交易应当签订合同。合同示范文本由国务院工商行政管理部门制定。

第十七条　二手车所有人委托他人办理车辆出售的，应当与受托人签订委托书。

第十八条　委托二手车经纪机构购买二手车时，双方应当按以下要求进行：

(一) 委托人向二手车经纪机构提供合法身份证明；

(二) 二手车经纪机构依据委托人要求选择车辆，并及时向其通报市场信息；

(三) 二手车经纪机构接受委托购买时，双方签订合同；

(四) 二手车经纪机构根据委托人要求代为办理车辆鉴定评估，鉴定评估所发生的费用由委托人承担。

第十九条　二手车交易完成后，卖方应当及时向买方交付车辆、号牌及车辆法定证明、凭证。车辆法定证明、凭证主要包括：

(一)《机动车登记证书》；

(二)《机动车行驶证》；

(三) 有效的机动车安全技术检验合格标志；

(四) 车辆购置税完税证明；

(五) 养路费缴付凭证；

(六) 车船使用税缴付凭证；

(七) 车辆保险单。

第二十条　下列车辆禁止经销、买卖、拍卖和经纪：

(一) 已报废或者达到国家强制报废标准的车辆；

(二) 在抵押期间或者未经海关批准交易的海关监管车辆；

(三) 在人民法院、人民检察院、行政执法部门依法查封、扣押期间的车辆；

(四) 通过盗窃、抢劫、诈骗等违法犯罪手段获得的车辆;

(五) 发动机号码、车辆识别代号或者车架号码与登记号码不相符,或者有凿改迹象的车辆;

(六) 走私、非法拼(组)装的车辆;

(七) 不具有第十九条所列证明、凭证的车辆;

(八) 在本行政辖区以外的公安机关交通管理部门注册登记的车辆;

(九) 国家法律、行政法规禁止经营的车辆。

二手车交易市场经营者和二手车经营主体发现车辆具有(四)、(五)、(六)情形之一的,应当及时报告公安机关、工商行政管理部门等执法机关。

对交易违法车辆的,二手车交易市场经营者和二手车经营主体应当承担连带赔偿责任和其他相应的法律责任。

第二十一条 二手车经销企业销售、拍卖企业拍卖二手车时,应当按规定向买方开具税务机关监制的统一发票。

进行二手车直接交易和通过二手车经纪机构进行二手车交易的,应当由二手车交易市场经营者按规定向买方开具税务机关监制的统一发票。

第二十二条 二手车交易完成后,现车辆所有人应当凭税务机关监制的统一发票,按法律、法规有关规定办理转移登记手续。

第二十三条 二手车交易市场经营者应当为二手车经营主体提供固定场所和设施,并为客户提供办理二手车鉴定评估、转移登记、保险、纳税等手续的条件。二手车经销企业、经纪机构应当根据客户要求,代办二手车鉴定评估、转移登记、保险、纳税等手续。

第二十四条 二手车鉴定评估应当本着买卖双方自愿的原则,不得强制进行;属国有资产的二手车应当按国家有关规定进行鉴定评估。

第二十五条 二手车鉴定评估机构应当遵循客观、真实、公正和公开原则,依据国家法律法规开展二手车鉴定评估业务,出具车辆鉴定评估报告;并对鉴定评估报告中车辆技术状况,包括是否属事故车辆等评估内容负法律责任。

第二十六条 二手车鉴定评估机构和人员可以按国家有关规定从事涉案、事故车辆鉴定等评估业务。

第二十七条 二手车交易市场经营者和二手车经营主体应当建立完整的二手车交易购销、买卖、拍卖、经纪以及鉴定评估档案。

第二十八条 设立二手车交易市场、二手车经销企业开设店铺,应当符合所在地城市发展及城市商业发展有关规定。

第四章 监 督 与 管 理

第二十九条 二手车流通监督管理遵循破除垄断,鼓励竞争,促进发展和公平、公正、公开的原则。

第三十条 建立二手车交易市场经营者和二手车经营主体备案制度。凡经工商行政管理部门依法登记,取得营业执照的二手车交易市场经营者和二手车经营主体,应当自取得营业执照之日起 2 个月内向省级商务主管部门备案。省级商务主管部门应当将二手车交易市场经营者和二手车经营主体有关备案情况定期报送国务院商务主管部门。

第三十一条　建立和完善二手车流通信息报送、公布制度。二手车交易市场经营者和二手车经营主体应当定期将二手车交易量、交易额等信息通过所在地商务主管部门报送省级商务主管部门。省级商务主管部门将上述信息汇总后报送国务院商务主管部门。国务院商务主管部门定期向社会公布全国二手车流通信息。

第三十二条　商务主管部门、工商行政管理部门应当在各自的职责范围内采取有效措施，加强对二手车交易市场经营者和经营主体的监督管理，依法查处违法违规行为，维护市场秩序，保护消费者的合法权益。

第三十三条　国务院工商行政管理部门会同商务主管部门建立二手车交易市场经营者和二手车经营主体信用档案，定期公布违规企业名单。

第五章　附　　则

第三十四条　本办法自 2005 年 10 月 1 日起施行，原《商务部办公厅关于规范旧机动车鉴定评估管理工作的通知》(商建字〔2004〕第 70 号)、《关于加强旧机动车市场管理工作的通知》(国经贸贸易〔2001〕1281 号)、《旧机动车交易管理办法》(内贸机字〔1998〕第 33 号)及据此发布的各类文件同时废止。

附录 C 机动车强制报废标准规定

第一条 为保障道路交通安全、鼓励技术进步、加快建设资源节约型、环境友好型社会，根据《中华人民共和国道路交通安全法》及其实施条例、《中华人民共和国大气污染防治法》、《中华人民共和国噪声污染防治法》，制定本规定。

第二条 根据机动车使用和安全技术、排放检验状况，国家对达到报废标准的机动车实施强制报废。

第三条 商务、公安、环境保护、发展改革等部门依据各自职责，负责报废机动车回收拆解监督管理、机动车强制报废标准执行有关工作。

第四条 凡注册机动车有下列情况之一的应当强制报废，其所有人应当将机动车交售给报废机动车回收拆解企业，由报废机动车回收拆解企业按规定进行登记、拆解、销毁等处理，并将报废机动车登记证书、号牌、行驶证交公安机关交通管理部门注销：

(一) 达到本规定第五条规定使用年限的；

(二) 经修理和调整仍不符合机动车安全技术国家标准对在用车有关要求的；

(三) 经修理和调整或者采用控制技术后，向大气排放污染物或者噪声仍不符合国家标准对在用车有关要求的；

(四) 在检验有效期届满后连续 3 个机动车检验周期内未取得机动车检验合格标志的。

第五条 各类机动车使用年限分别如下：

(一) 小、微型出租载客汽车使用 8 年，中型出租载客汽车使用 10 年，大型出租载客汽车使用 12 年；

(二) 租赁载客汽车使用 15 年；

(三) 小型教练载客汽车使用 10 年，中型教练载客汽车使用 12 年，大型教练载客汽车使用 15 年；

(四) 公交客运汽车使用 13 年；

(五) 其他小、微型营运载客汽车使用 10 年，其他大、中型营运载客汽车使用 15 年；

(六) 专用校车使用 15 年；

(七) 大、中型非营运载客汽车(大型轿车除外)使用 20 年；

(八) 三轮汽车、装用单缸发动机的低速货车使用 9 年，装用多缸发动机的低速货车以及微型载货汽车使用 12 年，危险品运输载货汽车使用 10 年，其他载货汽车(包括半挂牵引车和全挂牵引车)使用 15 年；

(九) 有载货功能的专项作业车使用 15 年，无载货功能的专项作业车使用 30 年；

(十) 全挂车、危险品运输半挂车使用 10 年，集装箱半挂车 20 年，其他半挂车使用 15 年；

(十一) 正三轮摩托车使用 12 年，其他摩托车使用 13 年。

对小、微型出租客运汽车(纯电动汽车除外)和摩托车，省、自治区、直辖市人民政府有关部门可结合本地实际情况，制定严于上述使用年限的规定，但小、微型出租客运汽车不得低于 6 年，正三轮摩托车不得低于 10 年，其他摩托车不得低于 11 年。

小、微型非营运载客汽车、大型非营运轿车、轮式专用机械车无使用年限限制。

机动车使用年限起始日期按照注册登记日期计算，但自出厂之日起超过 2 年未办理注册登记手续的，按照出厂日期计算。

第六条 变更使用性质或者转移登记的机动车应当按照下列有关要求确定使用年限和报废：

（一）营运载客汽车与非营运载客汽车相互转换的，按照营运载客汽车的规定报废，但小、微型非营运载客汽车和大型非营运轿车转为营运载客汽车的，应按照本规定附件 1 所列公式核算累计使用年限，且不得超过 15 年；

（二）不同类型的营运载客汽车相互转换，按照使用年限较严的规定报废；

（三）小、微型出租客运汽车和摩托车需要转出登记所属地省、自治区、直辖市范围的，按照使用年限较严的规定报废；

（四）危险品运输载货汽车、半挂车与其他载货汽车、半挂车相互转换的，按照危险品运输载货车、半挂车的规定报废。

距本规定要求使用年限 1 年以内(含 1 年)的机动车，不得变更使用性质、转移所有权或者转出登记地所属地市级行政区域。

第七条 国家对达到一定行驶里程的机动车引导报废。

达到下列行驶里程的机动车，其所有人可以将机动车交售给报废机动车回收拆解企业，由报废机动车回收拆解企业按规定进行登记、拆解、销毁等处理，并将报废的机动车登记证书、号牌、行驶证交公安机关交通管理部门注销：

（一）小、微型出租客运汽车行驶 60 万千米，中型出租客运汽车行驶 50 万千米，大型出租客运汽车行驶 60 万千米；

（二）租赁载客汽车行驶 60 万千米；

（三）小型和中型教练载客汽车行驶 50 万千米，大型教练载客汽车行驶 60 万千米；

（四）公交客运汽车行驶 40 万千米；

（五）其他小、微型营运载客汽车行驶 60 万千米，中型营运载客汽车行驶 50 万千米，大型营运载客汽车行驶 80 万千米；

（六）专用校车行驶 40 万千米；

（七）小、微型非营运载客汽车和大型非营运轿车行驶 60 万千米，中型非营运载客汽车行驶 50 万千米，大型非营运载客汽车行驶 60 万千米；

（八）微型载货汽车行驶 50 万千米，中、轻型载货汽车行驶 60 万千米，重型载货汽车(包括半挂牵引车和全挂牵引车)行驶 70 万千米，危险品运输载货汽车行驶 40 万千米，装用多缸发动机的低速货车行驶 30 万千米；

（九）专项作业车、轮式专用机械车行驶 50 万千米；

（十）正三轮摩托车行驶 10 万千米，其他摩托车行驶 12 万千米。

第八条 本规定所称机动车是指上道路行驶的汽车、挂车、摩托车和轮式专用机械车；非营运载客汽车是指个人或者单位不以获取利润为目的的自用载客汽车；危险品运输载货汽车是指专门用于运输剧毒化学品、爆炸品、放射性物品、腐蚀性物品等危险品的车辆；变更使用性质是指使用性质由营运转为非营运或者由非营运转为营运，小、微型出租、租赁、教练等不同类型的营运载客汽车之间的相互转换，以及危险品运输载货汽车转为其他载货汽车。本规定所称检验周期是指《中华人民共和国道路交通安全法实施条例》规定的机动车安全技术检验周期。

第九条　省、自治区、直辖市人民政府有关部门依据本规定第五条制定的小、微型出租客运汽车或者摩托车使用年限标准，应当及时向社会公布，并报国务院商务、公安、环境保护等部门备案。

第十条　上道路行驶拖拉机的报废标准规定另行制定。

第十一条　本规定自 2013 年 5 月 1 日起施行。2013 年 5 月 1 日前已达到本规定所列报废标准的，应当在 2014 年 4 月 30 日前予以报废。《关于发布〈汽车报废标准〉的通知》(国经贸经〔1997〕456 号)、《关于调整轻型载货汽车报废标准的通知》(国经贸经〔1998〕407 号)、《关于调整汽车报废标准若干规定的通知》(国经贸资源〔2000〕1202 号)、《关于印发〈农用运输车报废标准〉的通知》(国经贸资源〔2001〕234 号)、《摩托车报废标准暂行规定》(国家经贸委、发展计划委、公安部、环保总局令〔2002〕第 33 号)同时废止。

附件 1

非营运小微型载客汽车和大型轿车变更使用性质后累计使用年限计算公式

$$累计使用年限 = 原状态已使用年 + \left(1 - \frac{原状态已使用年}{原状态使用年限}\right) \times 状态改变后年限$$

备注：公式中原状态已使用年中不足一年的按一年计算，例如，已使用 2.5 年按照 3 年计算；原状态使用年限数值取定值为 17；累计使用年限计算结果向下圆整为整数，且不超过 15 年。

附件 2

机动车使用年限及行驶里程参考值汇总表

车辆类型与用途				使用年限/年	行驶里程参考值/万千米
汽车	载客	营运	出租客运 小、微型	8	60
			出租客运 中型	10	50
			出租客运 大型	12	60
			租赁	15	60
			教练 小型	10	50
			教练 中型	12	50
			教练 大型	15	60
			公交客运	13	40
		其他	小、微型	10	60
			中型	15	50
			大型	15	80
		专用校车		15	40

续表

车辆类型与用途				使用年限/年	行驶里程参考值/万千米
	非营运		小、微型客车、大型轿车*	无	60
			中型客车	20	50
			大型客车	20	60
	载货		微型	12	50
			中、轻型	15	60
			重型	15	70
			危险品运输	10	40
			三轮汽车、装用单缸发动机的低速货车	9	无
			装用多缸发动机的低速货车	12	30
	专项作业		有载货功能	15	50
			无载货功能	30	50
挂车		半挂车	集装箱	20	无
			危险品运输	10	无
			其他	15	无
		全挂车		10	无
摩托车		正三轮		12	10
		其他		13	12
轮式专用机械车				无	50

注：1. 表中机动车主要依据《机动车类型　术语和定义》(GA802—2008)进行分类；标注*车辆为乘用车。

2. 对小、微型出租客运汽车(纯电动汽车除外)和摩托车，省、自治区、直辖市人民政府有关部门可结合本地实际情况，制定严于表中使用年限的规定，但小、微型出租客运汽车不得低于 6 年，正三轮摩托车不得低于 10 年，其他摩托车不得低于 11 年。

附录 D   鉴定估价师(机动车鉴定评估师)

国家职业技能标准(2021 年版)

1. 职业概况

1.1   职业(工种)名称。

鉴定估价师(机动车鉴定评估师)。

1.2   职业编码。

4-05-05-02。

1.3   职业(工种)定义

从事机动车技术状况鉴定和价值评估、机动车质量与技术鉴定等工作的人员。

1.4   职业技能等级

本职业(工种)共设四个等级，分别为：四级/中级工、三级/高级工、二级/技师、一级/高级技师。

1.5   职业环境条件

室内、外，常温。

1.6   职业能力特征

具有一定学习、计算能力，较强的分析、判断和表达能力，正常色觉，具有一定的空间感，手指、手臂灵活性，动作协调。

1.7   普通受教育程度

高中毕业(或同等学力)。

1.8   培训参考学时

四级/中级工 160 标准学时，三级/高级工 120 标准学时，二级/技师、一级/高级技师 100 标准学时。

1.9   职业技能鉴定要求

1.9.1   申报条件

——持有 C1(含)以上机动车驾驶证，并具备以下条件之一者，可申报四级/中级工：

(1) 取得相关职业①五级/初级工职业资格证书(技能等级证书)后，累计从事本职业工作 3 年(含)或相关职业工作 4 年(含)以上。

(2) 累计从事本职业工作 5 年(含)或相关职业工作 6 年(含)以上。

---

① 相关职业：汽车维修工、机动车检测工、汽车装调工、汽车回收拆解工、农机修理工、工程机械维修工、工程机械装配调试工、摩托车修理工、摩托车装调工、二手车经纪人，下同。

(3) 取得技工学校相关专业①毕业证书(含尚未取得毕业证书的在校应届毕业生)；或取得经评估论证、以中级技能为培养目标的中等及以上职业学校相关专业②毕业证书(含尚未取得毕业证书的在校应届毕业生)。

(4) 取得大专及以上相关专业③毕业证书(含尚未取得毕业证书的在校应届毕业生)；或取得大专及以上非相关专业毕业证书，累计从事本职业工作 1 年(含)或相关职业工作 2 年(含)以上。

——持有 C1(含)以上机动车驾驶证，并具备以下条件之一者，可申报三级/高级工：

(1) 取得本职业或相关职业四级/中级工职业资格证书(技能等级证书)后，累计从事本职业工作 4 年(含)或相关职业工作 5 年(含)以上。

(2) 取得本职业或相关职业四级/中级工职业资格证书(技能等级证书)，并具有高级技工学校、技师学院毕业证书(含尚未取得毕业证书的在校应届毕业生)；或取得本职业或相关职业四级/中级工职业资格证书(技能等级证书)，并具有经评估论证、以高级技能为培养目标的高等职业学校相关专业毕业证书(含尚未取得毕业证书的在校应届毕业生)。

(3) 具有大专及以上相关专业毕业证书，并取得本职业或相关职业四级/中级工职业资格证书(技能等级证书)后，累计从事本职业工作 1 年(含)或相关职业工作 2 年(含)以上；或具有大专及以上非相关专业毕业证书，并取得本职业或相关职业四级/中级工职业资格证书(技能等级证书)后，累计从事本职业工作 2 年(含)或相关职业工作 3 年(含)以上。

——持有 C1(含)以上机动车驾驶证，并具备以下条件之一者，可申报二级/技师：

(1) 取得本职业或相关职业三级/高级工职业资格证书(技能等级证书)后，累计从事本职业工作 3 年(含)或相关职业工作 4 年(含)以上。

(2) 取得本职业或相关职业三级/高级工职业资格证书(技能等级证书)的高级技工学校、技师学院毕业生，累计从事本职业工作 2 年(含)或相关职业工作 3 年(含)以上；或取得相关职业预备技师证书的技师学院毕业生，累计从事本职业工作 1 年(含)或相关职业工作 2 年(含)以上。

(3) 取得本职业或相关职业三级/高级工职业资格证书(技能等级证书)的大专及以上相关专业毕业生，累计从事本职业工作 2 年(含)或相关职业工作 3 年(含)以上。

——持有 C1(含)以上机动车驾驶证，并具备以下条件之一者，可申报一级/高级技师：

---

① 技工学校相关专业：汽车维修、汽车电器维修、汽车钣金与涂装、汽车装饰与美容、汽车检测、汽车营销、工程机械运用与维修、新能源汽车检测与维修、汽车技术服务与营销、汽车保险理赔与评估、汽车制造与装配、新能源汽车制造与装配、汽车驾驶、起重装卸机械操作与维修、智能网联汽车技术应用、农业机械使用与维护。

② 中等职业学校相关专业：汽车运用与维修、汽车服务与营销、汽车车身维修、汽车美容与装潢、新能源汽车运用与维修、交通工程机械运用与维修、汽车制造与检测、新能源汽车制造与检测、汽车电子技术应用、工业产品质量检测技术、机电技术应用、计量测试与应用技术。

③ 大专及以上相关专业：高等职业学校专科汽车技术服务与营销、汽车检测与维修技术、新能源汽车检测与维修技术、工业产品质量检测技术、内燃机制造与应用技术、汽车制造与试验技术、新能源汽车技术、汽车电子技术、智能网联汽车技术、汽车造型与改装技术、智能工程机械运用技术、汽车智能技术、司法鉴定技术专业；高等职业学校本科汽车工程技术、新能源汽车工程技术、智能网联汽车工程技术、汽车服务工程技术专业；普通高等学校本科车辆工程、汽车服务工程、汽车维修工程教育、智能车辆工程、新能源汽车工程、交通运输、农业机械化及其自动化、能源与动力工程专业。

(1) 取得本职业或相关职业二级/技师职业资格证书(技能等级证书)后,累计从事本职业工作 4 年(含)以上。

(2) 取得本职业三级/高级工职业资格证书后,累计从事本职业工作 8 年(含)以上。

1.9.2　鉴定方式

分为理论知识考试、技能考核以及综合评审。理论知识考试以笔试、机考等方式为主,主要考核从业人员从事本职业应掌握的基本要求和相关知识要求;技能考核主要采用现场操作、模拟操作等方式进行,主要考核从业人员从事本职业应具备的技能水平;综合评审主要针对技师和高级技师,通常采取审阅申报材料、答辩等方式进行全面评议和审查。

理论知识考试、技能考核和综合评审均实行百分制,成绩皆达 60 分(含)以上者为合格。

1.9.3　监考人员、考评人员与考生配比

理论知识考试中的监考人员与考生配比不低于 1∶15,且每个考场不少于 2 名监考人员;技能考核中的考评人员与考生配比为 1∶5,且考评人员为 3 人(含)以上单数;综合评审委员为 3 人(含)以上单数。

1.9.4　鉴定时间

理论知识考试时间不少于 90 min;技能考核时间:四级/中级工、三级/高级工不少于 90 min,二级/技师、一级/高级技师不少于 120 min;综合评审时间不少于 30 min。

1.9.5　鉴定场所设备

理论知识考试在标准教室、计算机教室进行。技能考核应在光线充足、通风条件良好、安全措施完善并具有监控设备的厂房或场地进行,以真实生产设备为主的考场,人均使用面积不低于 8 m^2(不含设备占地);以模拟仿真设备为主的考场,人均使用面积不低于 4 m^2(不含设备占地);鉴定设备、工具、量具等须满足不少于 4 人同时进行考核。

2. 基本要求

2.1　职业道德

2.1.1　职业道德基本知识

2.1.2　职业守则

(1) 遵纪守法,廉洁自律。

(2) 诚实守信,规范服务。

(3) 客观独立,公正科学。

(4) 爱岗敬业,保守秘密。

(5) 操作规范,保证安全。

(6) 团队合作,开拓创新。

2.2　基础知识

2.2.1　测量与计量常识

(1) 计量基础知识。

(2) 测量与误差知识。

2.2.2　机动车常用材料

(1) 机动车常用金属与非金属材料的种类、性能及应用。

(2) 机动车用燃料、润滑油(脂)的功用、种类、牌号及识别。

(3) 机动车用工作液的功用、种类、规格、性能及识别。

(4) 机动车轮胎的规格、分类及选用。

2.2.3 机动车结构与工作原理

(1) 机动车的分类、编号和车辆识别代号(VIN)。

(2) 机动车总体构造、原理、技术参数和性能指标。

(3) 机动车发动机的结构与工作原理。

(4) 机动车底盘的结构与工作原理。

(5) 机动车车身及其附件的结构与作用。

(6) 机动车电器与电子设备的结构与工作原理。

(7) 新能源车辆动力驱动系统的结构与工作原理

2.2.4 机动车使用与检测维修基本知识

(1) 机动车技术状况与使用寿命。

(2) 机动车使用性能及评价指标。

(3) 机动车安全技术与环保检测内容与技术要求。

(4) 机动车维修的分类、维修工艺与技术要求。

2.2.5 机动车价值评估基础

(1) 机动车鉴定评估要素。

(2) 机动车鉴定评估流程。

(3) 机动车技术状况鉴定。

(4) 机动车鉴定评估方法。

(5) 机动车鉴定评估报告的撰写。

2.2.6 事故车辆损失鉴定评估基础

(1) 事故车辆损伤分析。

(2) 事故车辆修复技术。

(3) 事故车辆损失鉴定评估方法。

(4) 事故车辆损失鉴定评估报告的撰写。

2.2.7 机动车技术鉴定基础

(1) 机动车技术鉴定的定义和分类。

(2) 机动车技术鉴定方法。

(3) 机动车技术鉴定流程。

(4) 机动车技术鉴定意见书的撰写。

2.2.8 安全生产与环境保护知识

(1) 劳动保护知识。

(2) 消防安全知识。

(3) 安全管理知识。

(4) 环境保护知识。

2.2.9 相关法律、法规与标准知识

(1)《中华人民共和国民法典》相关知识。

(2)《中华人民共和国劳动法》相关知识。

(3)《中华人民共和国合同法》相关知识。

(4)《中华人民共和国安全生产法》相关知识。

(5)《中华人民共和国产品质量法》相关知识。

(6)《中华人民共和国计量法》相关知识。

(7)《中华人民共和国道路交通安全法》相关知识。

(8)《中华人民共和国资产评估法》相关知识。

(9)《中华人民共和国价格法》相关知识。

(10)《中华人民共和国保险法》相关知识。

(11)《特种设备安全监察条例》相关知识。

(12)《机动车维修管理规定》相关知识。

(13)《机动车登记规定》相关知识。

(14)《机动车强制报废标准规定》相关知识。

(15)《二手车流通管理办法》相关知识。

(16)《农业机械运行安全技术条件》(GB 16151)相关知识。

(17)《机动车运行安全技术条件》(GB 7258)相关知识。

(18)《机动车安全技术检验项目和方法》(GB 38900)相关知识。

(19)《二手车鉴定评估技术规范》(GB/T 30323)相关知识。

(20)《场(厂)内机动车辆安全检验技术要求》(GB/T 16178)相关知识。

(21)《道路车辆　车辆识别代号(VIN)》(GB 16735)相关知识。

(22)《事故汽车修复技术规范》(JT/T 795)相关知识。

(23)《机动车号牌标准》(GA 36)相关知识。

(24)其他相关法律、法规与标准知识。

3. 工作要求

本标准对四级/中级工、三级/高级工、二级/技师、一级/高级技师的技能要求和相关知识要求依次递进，高级别涵盖低级别的要求。

3.1　四级/中级工

职业功能	工作内容	技 能 要 求	相关知识要求
1. 手续检查	1.1 接受委托	1.1.1　能介绍机动车鉴定评估程序与方法 1.1.2　能签订机动车鉴定评估委托书(合同) 1.1.3　能拟定机动车鉴定评估方案	1.1.1　社交礼仪 1.1.2　机动车鉴定评估程序与方法 1.1.3　委托书(合同)的格式与内容 1.1.4　鉴定评估方案制订方法
	1.2 核查证件、税费	1.2.1　能识别机动车手续真伪及有效性 1.2.2　能确认机动车所有权人及评估委托人身份的合法性 1.2.3　能采集被评估车辆手续信息	1.2.1　机动车手续的种类 1.2.2　机动车手续真伪及有效性鉴别方法 1.2.3　机动车所有权人及评估委托人身份合法性的确定依据 1.2.4　车辆手续信息采集内容与方法

职业功能	工作内容	技 能 要 求	相关知识要求
2. 技术状况鉴定	2.1 静态检查	2.1.1　能鉴别机动车的合法性 2.1.2　能静态检查发动机的技术状况 2.1.3　能静态检查底盘的技术状况 2.1.4　能静态检查车身及其附件的技术状况 2.1.5　能静态检查常规电器与电子设备的技术状况 2.1.6　能鉴别碰撞事故车	2.1.1　机动车合法性检查的内容与方法 2.1.2　发动机静态检查的内容与方法 2.1.3　底盘静态检查的内容与方法 2.1.4　车身及其附件静态检查的内容与方法 2.1.5　常规电器与电子设备技术状况静态检查的内容与方法 2.1.6　碰撞事故车的鉴别方法
	2.2 动态检查	2.2.1　能路试检查发动机的技术状况 2.2.2　能路试检查底盘的技术状况 2.2.3　能路试检查车身及其附件的技术状况 2.2.4　能路试检查常规电器与电子设备的技术状况 2.2.5　能进行路试后的检查	2.2.1　发动机技术状况路试检查的内容与方法 2.2.2　底盘技术状况路试检查的内容与方法 2.2.3　车身及其附件技术状况路试检查的内容与方法 2.2.4　常规电器与电子设备技术状况路试检查的内容与方法 2.2.5　路试后的检查的内容与方法
	2.3 技术状况综合评定	2.3.1　能识读机动车安全、环保技术性能检测报告 2.3.2　能确定机动车的技术状况等级	2.3.1　机动车安全、环保技术性能检测报告的内容与合格评定要求 2.3.2　机动车技术状况评定方法、标准与要求
3. 价值评估	3.1 整车价值评估	3.1.1　能根据评估目的选择评估方法 3.1.2　能评估机动车(含新能源车辆)整车价值 3.1.3　能撰写机动车整车价值鉴定评估报告 3.1.4　能归档机动车整车价值鉴定评估报告	3.1.1　评估方法的分类与选用 3.1.2　现行市价法、重置成本法、收益现值法、清算价格法的评估流程与计算方法 3.1.3　鉴定评估报告的基本要求、主要内容与撰写方法 3.1.4　鉴定评估报告的归档要求与方法
	3.2 事故车辆损失评估	3.2.1　能填写事故车辆损伤诊断单 3.2.2　能确定事故车辆损伤等级 3.2.3　能确定更换配件项目、维修项目及价格 3.2.4　能计算维修费用 3.2.5　能评估损坏配件残值 3.2.6　能撰写事故车辆损失鉴定评估报告	3.2.1　事故车辆损伤诊断单的内容与填写方法 3.2.2　事故车辆损伤等级评定方法与技术要求 3.2.3　配件修换原则 3.2.4　配件价格确定方法 3.2.5　维修费用计算方法 3.2.6　损坏配件残值评估方法 3.2.7　事故车辆损失鉴定评估报告撰写方法

职业功能	工作内容	技 能 要 求	相关知识要求
4. 认证 与营销	4.1 二手车认证	4.1.1 能按二手车认证流程检查车辆 4.1.2 能撰写二手车认证报告	4.1.1 二手车认证流程 4.1.2 二手车认证报告撰写方法
	4.2 二手车营销	4.2.1 能确定二手车收购价格 4.2.2 能确定二手车置换价格 4.2.3 能确定二手车拍卖底价	4.2.1 二手车收购定价方法 4.2.2 二手车置换定价方法 4.2.3 二手车拍卖底价计算方法

3.2 三级/高级工

职业功能	工作内容	技 能 要 求	相关知识要求
1. 技术 状况鉴定	1.1 静态 检查	1.1.1 能鉴别进口机动车的合法性 1.1.2 能静态检查机动车特殊电器与电子设备的技术状况 1.1.3 能静态检查专项作业车的技术状况 1.1.4 能鉴别泡水车、火烧车	1.1.1 进口机动车合法性鉴别方法 1.1.2 特殊电器与电子设备的功能与使用方法 1.1.3 专项作业车技术状况静态检查的内容与方法 1.1.4 泡水车、火烧车的鉴别方法
	1.2 动态 检查	1.2.1 能路试检查机动车主动安全系统的技术状况 1.2.2 能路试检查专项作业车的技术状况	1.2.1 机动车主动安全系统技术状况路试检查的内容与方法 1.2.2 专项作业车技术状况路试检查的内容与方法
	1.3 技术状 况综合评定	1.3.1 能确定机动车技术状况 1.3.2 能进行道路运输车辆技术等级合格评定	1.3.1 机动车技术状况评定内容与评定要求 1.3.2 道路运输车辆技术等级评定内容与评定要求
2. 故障 判断	2.1 发动机 故障	2.1.1 能判断发动机常见机械故障	2.1.1 发动机常见机械故障现象与判断方法
	2.2 底盘 故障	2.2.1 能判断底盘常见机械故障	2.2.1 底盘常见机械故障现象与判断方法
	2.3 车身及 附件故障	2.3.1 能判断车身及附件常见机械故障	2.3.1 车身及附件常见机械故障现象与判断方法
	2.4 电器 与电子 设备故障	2.4.1 能判断发动机电器与电子设备常见故障 2.4.2 能判断底盘电器与电子设备常见故障 2.4.3 能判断车身电器与电子设备常见故障	2.4.1 发动机电器与电子设备常见故障现象与判断方法 2.4.2 底盘电器与电子设备常见故障现象与判断方法 2.4.3 车身电器与电子设备常见故障现象与判断方法

职业功能	工作内容	技　能　要　求	相关知识要求
3. 价值评估	3.1 整车价值评估	3.1.1　能审核整车价值鉴定评估报告	3.1.1　整车价值鉴定评估报告审核要求
	3.2 事故车辆损失评估	3.2.1　能确定新能源车辆更换配件项目、维修项目及其价格 3.2.2　能计算新能源车辆维修费用 3.2.3　能评估事故车辆整车与未损坏配件残值 3.2.4　能评估事故车辆贬值损失 3.2.5　能审核事故车辆损失鉴定评估报告	3.2.1　新能源车辆配件修换原则 3.2.2　事故车辆整车与未损坏配件残值评估方法 3.2.3　事故车辆贬值损失评估方法 3.2.4　事故车辆损失鉴定评估报告审核方法
	3.3 停运损失评估	3.3.1　能评估机动车停运损失 3.3.2　能撰写机动车停运损失鉴定评估报告	3.3.1　机动车停运损失评估方法 3.3.2　机动车停运损失鉴定评估报告撰写方法
4. 认证与营销	4.1 二手车认证	4.1.1　能审核二手车认证报告 4.1.2　能优化和改进二手车认证流程	4.1.1　二手车认证报告审核要求
	4.2 二手车营销	4.2.1　能审核二手车收购、置换、拍卖价格 4.2.2　能进行二手车销售定价 4.2.3　能组织实施二手车认证	4.2.1　二手车收购、置换、拍卖定价方法 4.2.2　二手车销售定价方法
5. 质量与技术鉴定	5.1 损伤关联性鉴定	5.1.1　能确定机动车配件损伤与事故关联性 5.1.2　能撰写机动车配件损伤与事故关联性技术鉴定意见书	5.1.1　机动车配件损伤与事故关联性分析方法 5.1.2　机动车配件损伤与事故关联性技术鉴定意见书撰写要求
	5.2 机动车属性鉴定	5.2.1　能确定机动车属性 5.2.2　能撰写机动车属性技术鉴定意见书	5.2.1　机动车属性鉴定方法 5.2.2　机动车属性技术鉴定意见书撰写要求
	5.3 机动车类型鉴定	5.3.1　能确定机动车类型 5.3.2　能撰写机动车类型技术鉴定意见书	5.3.1　机动车类型 5.3.2　机动车类型技术鉴定意见书撰写要求
	5.4 技术性能鉴定	5.4.1　能鉴定机动车安全技术性能 5.4.2　能撰写机动车安全技术性能鉴定意见书	5.4.1　机动车安全技术性能鉴定项目及要求 5.4.2　机动车安全技术性能鉴定意见书撰写要求
	5.5 维修痕迹鉴定	5.5.1　能鉴定机动车拆装、维修痕迹 5.5.2　能撰写机动车拆装、维修痕迹技术鉴定意见书	5.5.1　机动车拆装、维修痕迹鉴定方法 5.5.2　机动车拆装、维修痕迹技术鉴定意见书撰写要求

职业功能	工作内容	技 能 要 求	相关知识要求
5. 质量与技术鉴定	5.6 维修时间鉴定	5.6.1 能鉴定机动车合理维修时间 5.6.2 能撰写机动车合理维修时间技术鉴定意见书	5.6.1 机动车合理维修时间鉴定方法 5.6.2 机动车合理维修时间技术鉴定意见书撰写要求
	5.7 配件属性鉴定	5.7.1 能鉴定机动车配件属性 5.7.2 能撰写机动车配件属性技术鉴定意见书	5.7.1 机动车配件属性鉴定方法 5.7.2 机动车配件属性技术鉴定意见书撰写要求
6. 管理与培训	6.1 仪器设备管理	6.1.1 能进行工具、量具、仪器设备的日常维护和定期维护 6.1.2 能进行工具、量具、仪器设备的期间核查	6.1.1 工具、量具、仪器设备日常维护、定期维护项目、方法与要求 6.1.2 工具、量具、仪器设备期间核查项目、方法与要求
	6.2 技能培训	6.2.1 能对四级/中级工进行专业技能培训与指导	6.2.1 技能培训讲义编写方法

3.3 二级/技师

职业功能	工作内容	技 能 要 求	相关知识要求
1. 技术状况鉴定	1.1 静态检查	1.1.1 能优化和改进静态检查方法与工艺 1.1.2 能编写静态检查工艺规程	1.1.1 静态检查工艺规程编制要求
	1.2 动态检查	1.2.1 能优化和改进动态路试检查方法与工艺 1.2.2 能编写动态路试检查工艺规程	1.2.1 动态路试检查工艺规程编制要求
	1.3 技术状况综合评定	1.3.1 能解决技术状况评定的综合性问题	1.3.1 专家意见书的撰写要求
2. 故障判断	2.1 发动机故障	2.1.1 能判断发动机常见机械故障原因	2.1.1 发动机常见机械故障诊断方法
	2.2 底盘故障	2.2.1 能判断底盘常见机械故障原因	2.2.1 底盘常见机械故障诊断方法
	2.3 车身及附件故障	2.3.1 能判断车身及附件常见机械故障原因	2.3.1 车身及附件常见机械故障诊断方法
	2.4 电器与电子设备故障	2.4.1 能判断发动机电器与电子设备常见故障原因 2.4.2 能判断底盘电器与电子设备常见故障原因 2.4.3 能判断车身电器与电子设备常见故障原因	2.4.1 发动机电器与电子设备常见故障诊断方法 2.4.2 底盘电器与电子设备常见故障诊断方法 2.4.3 车身电器与电子设备常见故障诊断方法

续表一

职业功能	工作内容	技 能 要 求	相关知识要求
3. 价值评估	3.1 整车价值评估	3.1.1　能审核新能源车辆整车价值鉴定评估报告	3.1.1　新能源车辆整车价值鉴定评估报告审核要求
	3.2 事故车辆损失评估	3.2.1　能审核新能源事故车辆损失鉴定评估报告	3.2.1　新能源事故车辆损失鉴定评估报告审核要求
	3.3 停运损失评估	3.3.1　能审核机动车停运损失鉴定评估报告	3.3.1　机动车停运损失鉴定评估报告审核要求
4. 认证与营销	4.1 二手车认证	4.1.1　能审核二手车销售定价 4.1.2　能制定二手车认证方案	4.1.1　二手车认证方案制定方法
	4.2 二手车营销	4.2.1　能组织实施二手车营销 4.2.2　能制定二手车营销方案	4.2.1　二手车营销方案制定方法
5. 质量与技术鉴定	5.1 损伤关联性鉴定	5.1.1　能审核机动车配件损伤与事故关联性技术鉴定意见书	5.1.1　机动车配件损伤与事故关联性技术鉴定意见审核要求
	5.2 机动车属性鉴定	5.2.1　能审核机动车属性技术鉴定意见书	5.2.1　机动车属性技术鉴定意见书审核要求
	5.3 机动车类型鉴定	5.3.1　能审核机动车类型技术鉴定意见书	5.3.1　机动车类型技术鉴定意见书审核要求
	5.4 嫌疑车辆鉴定	5.4.1　能鉴定嫌疑问题车辆 5.4.2　能撰写嫌疑问题车辆技术鉴定意见书	5.4.1　嫌疑问题车辆鉴定方法 5.4.2　嫌疑问题车辆技术鉴定意见书撰写要求
	5.5 技术性能鉴定	5.5.3　能审核机动车安全技术性能鉴定意见书 5.5.4　能鉴定机动车综合技术性能 5.5.5　能撰写机动车综合性能技术鉴定意见书	5.5.1　机动车安全技术性能鉴定意见书审核要求 5.5.2　机动车综合技术性能鉴定项目及要求 5.5.3　机动车综合性能技术鉴定意见书撰写要求
	5.6 维修痕迹鉴定	5.6.1　能审核机动车拆装、维修痕迹技术鉴定意见书	5.6.1　机动车拆装、维修痕迹技术鉴定意见书审核要求
	5.7 维修时间鉴定	5.7.1　能审核机动车合理维修时间技术鉴定意见书	5.7.1　机动车合理维修时间技术鉴定意见书审核要求
	5.8 配件属性鉴定	5.8.1　能审核机动车配件属性技术鉴定意见书	5.8.1　机动车配件属性技术鉴定意见书审核要求

续表二

职业功能	工作内容	技 能 要 求	相关知识要求
5. 质量与技术鉴定	5.9 事故鉴定	5.9.1 能鉴定机动车机械、电气事故成因 5.9.2 能鉴定机动车火灾事故成因 5.9.3 能鉴定车辆行驶速度 5.9.4 能鉴定车辆碰撞痕迹 5.9.5 能分析机动车行车存储数据 5.9.6 能鉴定机动车故障与交通事故的因果关系 5.9.7 能撰写机动车事故相关技术鉴定意见书	5.9.1 机动车机械、电气事故鉴定方法 5.9.2 机动车火灾事故鉴定方法 5.9.3 车辆行驶速度鉴定方法 5.9.4 车辆碰撞痕迹鉴定方法 5.9.5 机动车行车存储数据提取与分析方法 5.9.6 机动车故障与交通事故的因果关系分析方法 5.9.7 机动车事故技术鉴定意见书撰写要求
	5.10 质量(缺陷)鉴定	5.10.1 能鉴定机动车维修质量问题产生的原因 5.10.2 能鉴定机动车制造质量(缺陷)问题产生的原因 5.10.3 能撰写机动车质量(缺陷)技术鉴定意见书	5.10.1 机动车维修质量问题鉴定方法 5.10.2 机动车制造质量(缺陷)问题鉴定方法 5.10.3 机动车质量(缺陷)技术鉴定意见书撰写要求
6. 管理与培训	6.1 仪器设备管理	6.1.1 能进行仪器设备的调试和校准 6.1.2 能编写设备操作规程	6.1.1 仪器设备的调试和校准规程 6.1.2 设备操作规程编制方法
	6.2 技术与质量管理	6.2.1 能评价质量控制效果 6.2.2 能撰写技术总结	6.2.1 质量控制与管理相关知识 6.2.2 技术总结撰写方法
	6.3 技术培训	6.3.1 能编写技能培训教案、讲义与课件 6.3.2 能对三级/高级工及以下级别人员实施专业技能培训与指导	6.3.1 技能培训教案、讲义与课件制作知识 6.3.2 技能培训与指导的基本要求和基本方法

3.4 一级/高级技师

职业功能	工作内容	技 能 要 求	相关知识要求
1. 故障判断	1.1 发动机故障	1.1.1 能判断发动机综合性故障原因	1.1.1 发动机综合性故障诊断方法
	1.2 底盘故障	1.2.1 能判断底盘综合性故障原因	1.2.1 底盘综合性故障诊断方法
	1.3 车身及附件故障	1.3.1 能判断车身及附件综合性故障原因	1.3.1 车身及附件故障诊断方法

续表一

职业功能	工作内容	技 能 要 求	相关知识要求
1. 故障判断	1.4 电器与电子设备故障	1.4.1 能判断发动机电器与电子设备综合性故障原因 1.4.2 能判断底盘电器与电子设备综合性故障原因 1.4.3 能判断车身及附件电器与电子设备综合性故障原因	1.4.1 发动机电器与电子设备综合性故障诊断方法 1.4.2 底盘电器与电子设备综合性故障诊断方法 1.4.3 车身及附件电器与电子设备综合性故障诊断方法
2. 价值评估	2.1 整车价值评估	2.1.1 能对整车价值鉴定评估项目提出改进意见	2.1.1 整车价值评估前沿技术
	2.2 事故车辆损失评估	2.2.1 能对事故车辆损失鉴定评估项目提出改进意见	2.2.1 事故车辆损失评估前沿技术
	2.3 停运损失评估	2.3.1 能对车辆停运损失鉴定评估项目提出改进意见	2.3.1 新能源车辆停运损失鉴定评估报告审核要求
3. 质量与技术鉴定	3.1 嫌疑车辆鉴定	3.1.1 能审核嫌疑问题车辆技术鉴定意见书	3.1.1 嫌疑问题车辆技术鉴定意见书审核要求
	3.2 事故鉴定	3.2.1 能审核机动车事故技术鉴定意见书	3.2.1 机动车事故技术鉴定意见书审核要求
	3.3 技术性能鉴定	3.3.1 能审核机动车综合性能技术鉴定意见书 3.3.2 能鉴定机动车主、被动安全装置或智能技术性能，撰写技术鉴定意见书 3.3.3 能鉴定新能源车辆动力电池热管理系统性能，撰写技术鉴定意见书	3.3.1 机动车综合性能技术鉴定意见书审核要求 3.3.2 机动车主、被动安全装置或智能技术性能鉴定方法与技术鉴定意见书撰写要求 3.3.3 新能源车辆动力电池热管理系统性能鉴定方法与技术鉴定意见书撰写要求
	3.4 质量(缺陷)鉴定	3.4.1 能审核机动车质量(缺陷)技术鉴定意见书 3.4.2 能归纳总结机动车安全隐患或制造缺陷问题并向有关部门提交意见或建议书	3.4.1 机动车质量(缺陷)技术鉴定意见书审核要求 3.4.2 机动车安全隐患或制造缺陷问题归纳总结方法及意见或建议书撰写要求
	3.5 技术革新	3.5.1 能革新技术鉴定手段，优化改进技术鉴定方法和工艺流程	3.5.1 技术鉴定前沿技术

续表二

职业功能	工作内容	技 能 要 求	相关知识要求
4. 管理与培训	4.1 仪器设备管理	4.1.1　能制订工具、量具、仪器设备的维护、期间核查和周期检定计划 4.1.2　能排除仪器设备常见故障	4.1.1　工具、量具、仪器设备维护、期间核查和周期检定计划制订方法
	4.2 技术与质量管理	4.2.1　能编制质量控制计划 4.2.2　能编写质量体系中的程序文件和作业指导书 4.2.3　能撰写技术论文	4.2.1　质量控制计划编制方法 4.2.2　程序文件和作业指导书编写方法 4.2.3　技术论文撰写要求
	4.3 技术培训	4.3.1　能制定技能培训方案 4.3.2　能对二级/技师及以下级别人员进行专业技能培训与指导	4.3.1　培训方案制定方法与要求

4. 权重表

4.1　理论知识权重表

技能等级项目		(四级/中级工)/%	(三级/高级工)/%	(二级/技师)/%	(一级/高级技师)/%
基本要求	职业道德	5	5	5	5
	基础知识	25	20	15	10
相关知识要求	手续检查	5	—	—	—
	技术状况鉴定	30	20	10	—
	故障判断	—	10	20	30
	价值评估	20	15	10	5
	认证与营销	15	10	5	—
	质量与技术鉴定	—	15	25	35
	管理与培训	—	5	10	15
	合计	100	100	100	100

4.2　技能要求权重表

技能等级项目		(四级/中级工)/%	(三级/高级工)/%	(二级/技师)/%	(一级/高级技师)/%
技能要求	手续检查	10	—	—	—
	技术状况鉴定	45	30	15	—
	故障判断	—	15	20	25
	价值评估	30	25	20	10
	认证与营销	15	10	5	—
	质量与技术鉴定	—	15	30	45
	管理与培训	—	5	10	20
	合计	100	100	100	100

参 考 文 献

[1] 吴东盛，邓剑锋，金媛媛. 二手车鉴定与评估[M]. 成都：电子科技大学出版社，2019.

[2] 郭志军. 二手车鉴定与评估[M]. 北京：北京理工大学出版社，2019.

[3] 明光星，厉承玉. 二手车鉴定评估实用教程[M]. 北京：机械工业出版社，2011.

[4] 黄费智. 汽车评估与鉴定[M]. 北京：机械工业出版社，2011.

[5] 王忠良. 二手车鉴定评估及贸易[M]. 天津：天津科学技术出版社，2012.

[6] 张南峰，陈述官，黄军辉. 二手车评估与交易[M]. 北京：人民邮电出版社，2010.

[7] 李亚莉，郝萍. 二手车鉴定评估[M]. 上海：复旦大学出版社，2011.

[8] 姜勇. 汽车车身修复技术[M]. 北京：电子工业出版社，2010.

[9] 刘仲国. 二手车交易与评估[M]. 北京：机械工业出版社，2010.

[10] 国家市场监督管理总局，国家标准化管理委员会. 道路车辆 车辆识别代号：GB 16735
—2019. 北京：中国标准出版社，2019.

[11] 国家质量监督检验检疫总局，国家标准化管理委员会. 机动车运行安全技术条件：GB
7258—2017[S]. 北京：中国标准出版社，2017.